總經理
人力資源
規範化管理

拿來即用的制度範本、指標體系、流程模版

> 業務規範化：知道做什麼
> 流程規範化：知道怎麼做
> 指標規範化：知道做到什麼程度
> 制度規範化：知道哪些不能做

馮利偉 ◎ 著

崧燁文化

總經理 規範化管理

總經理
市場營銷
規範化管理

總經理
人力資源
規範化管理

總經理
採購
規範化管理

總經理
生產
規範化管理

總經理
行政
規範化管理

總經理人力資源規範化管理
目錄

目錄

前 言

第 1 章 人力資源規範化管理體系

1.1 人力資源管理知識體系心智圖 ……………………………………… 13
1.2 人力規範化管理體系設計模板 ………………………………………… 14
    1.2.1 業務模型模板設計 ……………………………………………… 14
    1.2.2 管理流程模板設計 ……………………………………………… 15
    1.2.3 管理標準模板設計 ……………………………………………… 16
    1.2.4 管理制度模板設計 ……………………………………………… 18
1.3 業務模型設計要項 ……………………………………………………… 19
    1.3.1 基於什麼設計業務模型 ………………………………………… 19
    1.3.2 業務模型如何有效導出 ………………………………………… 19
    1.3.3 業務模型設計注意事項 ………………………………………… 20
1.4 管理流程設計要項 ……………………………………………………… 21
    1.4.1 管理流程設計 …………………………………………………… 21
    1.4.2 業務流程設計 …………………………………………………… 24
    1.4.3 流程設計注意問題 ……………………………………………… 25
1.5 管理標準設計要項 ……………………………………………………… 25
    1.5.1 工作標準設計 …………………………………………………… 25
    1.5.2 績效標準設計 …………………………………………………… 27
    1.5.3 標準設計注意問題 ……………………………………………… 28
1.6 管理制度設計要項 ……………………………………………………… 29
    1.6.1 章、條、款、項、目的有效設計 ……………………………… 29
    1.6.2 管理制度設計注意問題 ………………………………………… 30

第 2 章 人力規劃業務・制度・流程・標準

2.1 人力規劃業務模型 ……………………………………………………… 33

2.1.1 人力規劃業務工作心智圖 ... 33
2.1.2 人力規劃主要工作職責 ... 34
2.2 人力資源規劃流程 ... 35
2.2.1 主要流程設計心智圖 ... 35
2.2.2 人員編制調整流程設計 ... 36
2.2.3 人員需求預測流程設計 ... 37
2.2.4 人員規劃管理流程設計 ... 38
2.3 人力資源規劃標準 ... 39
2.3.1 人力資源規劃業務工作標準 ... 39
2.3.2 人力資源規劃業務績效標準 ... 40
2.4 人力資源規劃制度 ... 42
2.4.1 制度解決問題心智圖 ... 42
2.4.2 人員編制調整制度設計 ... 42
2.4.3 人員需求管理制度設計 ... 45
2.4.4 人力資源規劃管理制度設計 ... 48

第3章 人員招聘業務‧流程‧標準‧制度

3.1 人員招聘業務模型 ... 57
3.1.1 人員招聘業務工作心智圖 ... 57
3.1.2 人員招聘主要工作職責 ... 57
3.2 人員招聘管理流程 ... 59
3.2.1 主要流程設計心智圖 ... 59
3.2.2 招聘費用預算流程 ... 60
3.2.3 內部招聘管理流程 ... 61
3.2.4 校園招聘管理流程 ... 62
3.2.5 獵頭招聘管理流程 ... 63
3.3 人員招聘管理標準 ... 64
3.3.1 人力招聘管理業務工作標準 ... 64

3.3.2 人力招聘管理業務績效標準 ········· 65
　3.4 人員招聘管理制度 ········· 67
　　　3.4.1 制度解決問題心智圖 ········· 67
　　　3.4.2 招聘費用預算管理制度 ········· 67
　　　3.4.3 內部招聘實施管理制度 ········· 70
　　　3.4.4 校園招聘實施管理制度 ········· 74
　　　3.4.5 網路招聘實施管理制度 ········· 78

第 4 章 面試管理業務‧流程‧標準‧制度

　4.1 面試管理業務模型 ········· 81
　　　4.1.1 面試管理業務工作心智圖 ········· 81
　　　4.1.2 面試管理主要工作職責 ········· 81
　4.2 人員面試管理流程 ········· 83
　　　4.2.1 主要流程設計心智圖 ········· 83
　　　4.2.2 內部選聘面試實施流程 ········· 84
　　　4.2.3 外部招聘面試實施流程 ········· 85
　　　4.2.4 結構化面試管理流程 ········· 86
　　　4.2.5 網路遠程面試實施流程 ········· 87
　4.3 人員面試管理標準 ········· 88
　　　4.3.1 人力面試管理業務工作標準 ········· 88
　　　4.3.2 人力面試管理業務績效標準 ········· 89
　4.4 人員面試管理制度 ········· 90
　　　4.4.1 制度解決問題心智圖 ········· 90
　　　4.4.2 內部選聘面試管理制度 ········· 90
　　　4.4.3 外部招聘面試管理制度 ········· 93
　　　4.4.4 面試總結評估管理制度 ········· 98

第 5 章 錄用入職業務‧流程‧標準‧制度

　5.1 錄用入職業務模型 ········· 103

5.1.1 錄用入職業務工作心智圖 ... 103
5.1.2 錄用入職主要工作職責 ... 103
5.2 錄用入職管理流程 ... 105
5.2.1 主要流程設計心智圖 ... 105
5.2.2 員工外部錄用管理流程 ... 106
5.2.3 員工推薦錄用管理流程 ... 107
5.2.4 員工試用考核管理流程 ... 108
5.2.5 員工入職手續辦理流程 ... 109
5.3 錄用入職管理標準 ... 110
5.3.1 錄用入職管理業務工作標準 ... 110
5.3.2 錄用入職管理業務績效標準 ... 110
5.4 錄用入職管理制度 ... 112
5.4.1 制度解決問題心智圖 ... 112
5.4.2 員工錄用管理辦法 ... 113
5.4.3 員工入職引導管理辦法 ... 118
5.4.4 員工試用轉正管理辦法 ... 122

第 6 章 培訓管理業務・流程・標準・制度

6.1 培訓管理業務模型 ... 125
6.1.1 培訓管理業務工作心智圖 ... 125
6.1.2 培訓管理主要工作職責 ... 125
6.2 培訓管理流程 ... 127
6.2.1 主要流程設計心智圖 ... 127
6.2.2 新員工培訓管理流程 ... 129
6.2.3 員工脫崗培訓管理流程 ... 130
6.2.4 培訓效果評估工作流程 ... 131
6.3 培訓管理標準 ... 132
6.3.1 員工培訓管理業務工作標準 ... 132

　　　　6.3.2 員工培訓管理業務績效標準 ... 133
　6.4 培訓管理制度 ... 134
　　　　6.4.1 制度解決問題心智圖 ... 134
　　　　6.4.2 員工培訓管理制度 ... 135
　　　　6.4.3 培訓外包管理制度 ... 140
　　　　6.4.4 出國培訓管理制度 ... 144

第 7 章 績效管理業務‧流程‧標準‧制度

　7.1 績效業務模型 ... 147
　　　　7.1.1 績效管理業務工作心智圖 ... 147
　　　　7.1.2 績效管理主要工作職責 ... 148
　7.2 績效管理流程 ... 149
　　　　7.2.1 主要流程設計心智圖 ... 149
　　　　7.2.2 績效目標制訂流程 ... 150
　　　　7.2.3 績效考核實施流程 ... 151
　　　　7.2.4 績效面談工作流程 ... 152
　　　　7.2.5 考核申訴管理流程 ... 153
　7.3 績效管理標準 ... 154
　　　　7.3.1 績效管理業務工作標準 ... 154
　　　　7.3.2 績效管理業務績效標準 ... 155
　7.4 績效管理制度 ... 157
　　　　7.4.1 制度解決問題心智圖 ... 157

第 8 章 薪酬管理業務‧流程‧標準‧制度

　8.1 薪酬管理業務模型 ... 171
　　　　8.1.1 薪酬管理業務工作心智圖 ... 171
　　　　8.1.2 薪酬管理主要工作職責 ... 171
　8.2 薪酬管理流程 ... 173
　　　　8.2.1 主要流程設計心智圖 ... 173

8.2.2 薪酬體系設計流程 174
8.2.3 員工工資發放流程 175
8.2.4 員工獎金管理流程 176
8.2.5 員工福利管理流程 177

8.3 薪酬管理標準 178
8.3.1 薪酬管理業務工作標準 178
8.3.2 薪酬管理業務績效標準 179

8.4 薪酬管理制度 180
8.4.1 制度解決問題心智圖 180
8.4.2 員工薪酬管理制度 181
8.4.3 薪酬調整管理辦法 187

第9章 晉升調職業務·流程·標準·制度

9.1 晉升調職業務模型 195
9.1.1 晉升調職業務工作心智圖 195
9.1.2 晉升調職主要工作職責 196

9.2 晉升調職管理流程 197
9.2.1 主要流程設計心智圖 197
9.2.2 員工職業生涯規劃流程 198
9.2.3 員工職位晉升管理流程 199
9.2.4 員工競爭晉升管理流程 200
9.2.5 員工內部調動管理流程 201

9.3 晉升管理管理標準 202
9.3.1 晉升管理業務工作標準 202
9.3.2 晉升管理業務績效標準 202

9.4 晉升調職管理制度 204
9.4.1 制度解決問題心智圖 204
9.4.2 員工職位調動管理制度 205

9.4.2 員工崗位晉升管理制度 ································ 208

9.4.4 員工職位輪換管理制度 ································ 212

第 10 章 離職管理業務‧流程‧標準‧制度

10.1 離職管理業務模型 ·· 215

10.1.1 離職管理業務工作心智圖 ························ 215

10.1.2 離職管理主要工作職責 ···························· 216

10.2 離職管理流程 ·· 219

10.2.1 主要流程設計心智圖 ································ 219

10.2.2 員工離職控制工作流程 ···························· 220

10.2.3 員工離職挽留工作流程 ···························· 221

10.2.4 員工離職手續辦理流程 ···························· 222

10.2.5 辭退員工管理工作流程 ···························· 223

10.3 離職管理標準 ·· 224

10.3.1 員工離職管理業務工作標準 ···················· 224

10.3.2 員工離職管理業務績效標準 ···················· 225

10.4 離職管理制度 ·· 226

10.4.1 制度解決問題心智圖 ································ 226

10.4.2 員工離職管理制度 ···································· 226

10.4.3 員工辭退管理制度 ···································· 231

第 11 章 員工關係管理業務‧流程‧標準‧制度

11.1 員工關係業務模型 ·· 235

11.1.1 員工關係業務工作心智圖 ························ 235

11.1.2 員工關係主要工作職責 ···························· 236

11.2 員工關係管理流程 ·· 237

11.2.1 主要流程設計心智圖 ································ 237

11.2.2 勞動契約簽訂流程 ···································· 238

11.2.3 保密協議簽訂流程 ···································· 239

11.2.4 工傷事故處理流程	240
11.2.5 員工抱怨處理流程	241
11.2.6 員工衝突處理流程	242
11.2.7 員工滿意度調查流程	243
11.3 員工關係管理標準	244
11.3.1 員工關係管理業務工作標準	244
11.3.2 員工關係管理業務績效標準	245
11.4 員工關係管理制度	248
11.4.1 制度解決問題心智圖	248
11.4.2 勞動契約管理制度	249
11.4.3 員工檔案管理制度	254
11.4.4 勞動糾紛管理制度	258

前 言

　　《總經理人力資源規範化管理》以人力資源業務為依據，將人力資源管理事項的執行工作落實到具體的業務模型、管理流程、管理標準、管理制度中，幫助企業人力資源管理人員順利實現從「知道做」到「如何做」，再到「如何做好」的科學轉變。

　　本書以人力資源部門的「業務模型＋管理流程＋管理標準＋管理制度」為核心，按照人力資源管理事項，給出每一工作事項的業務模型、編制相關工作事項的管理制度、提供相關工作事項的管理流程、描述具體工作事項的管理標準，使業務、流程、標準、制度在工作中相互促進，為讀者提供體系化、模板化、規範化的管理體系。本書主要有以下四大特點：

　　1. 層次清晰的業務模型

　　為了便於讀者閱讀和使用，本書針對人力資源規劃、人員招聘、錄用入職、培訓管理、績效管理、薪酬管理、晉升調職管理、離職管理、員工管理關係等 10 項人力資源管理職能事項，按照組織設計和工作分析的思路，將業務模型劃分為業務心智圖和工作職責兩項，分別提供了設計方案，進行了詳細介紹，並給出了模型範例。

　　2. 拿來即用的流程體系

　　本書在梳理人力資源管理工作內容的基礎上，提出了各項人力資源事務流程的設計思路，並向讀者提供了 40 個人力資源管理流程的範例，細化了人力資源管理的具體工作事項，構建了「拿來即用」的人力資源流程體系，為企業實現人力資源管理工作的規範化、流程化、標準化提供很好的指導。

　　3. 科學合理的管理標準

　　本書根據目標管理的原則，科學、合理地制訂了績效結果的評價項目、評估指標及評估標準。同時，為達到相關的績效目標，本書在工作分析與測算的基礎上，科學地設定相應的行為規範和作業標準，並給出應達成的結果

總經理人力資源規範化管理
前 言

目標，為讀者展現人力資源管理工作應該達到的工作標準，並提供相應的標準範例。

4. 規範具體的制度設計

本書系統地介紹了制度的設計方法、設計思路、編制要求及制度能夠解決的問題。然後針對人力資源日常管理工作中容易出現的問題，詳細地設計了 30 個制度範例，使得方法和範例相輔相成，為讀者自行設計管理制度提供了操作指南和參照範本。

本書適用於企業經營管理人員、人力資源管理人員、管理諮詢人士及高等院校相關專業的師生閱讀、使用。

在本書編寫的過程中，劉井學、孫立宏、程富建負責資料的收集、整理，羅章秀、賈月負責圖形、圖表的編排，程淑麗參與編寫了本書的第 1 章，王蘭會、王琴參與編寫了本書的第 2 章，王淑燕參與編寫了本書的第 3 章，畢春月、蔚星星參與編寫了本書的第 4 章，姜娣、徐滕參與編寫了本書的第 5 章，姚小風參與編寫了本書的第 6 章，張天驕、張瀛參與編寫了本書的第 7 章，金成哲參與編寫了本書的第 8 章，趙全梅、張豔鋒參與編寫了本書的第 9 章，閻曉霞參與編寫了本書的第 10 章，陳裡參與編寫了本書的第 11 章，全書由馮利偉統撰定稿。

第 1 章 人力資源規範化管理體系

1.1 人力資源管理知識體系心智圖

人力資源管理是企業在經濟學和人本思想的指導下，透過招聘、甄選、培訓、薪酬等管理形式對企業內外相關人力資源進行有效運用，滿足企業當前及未來發展的需求，保證企業目標實現和成員發展的最優化的一系列活動的總稱。人力資源管理知識體系心智圖如圖 1-1 所示：

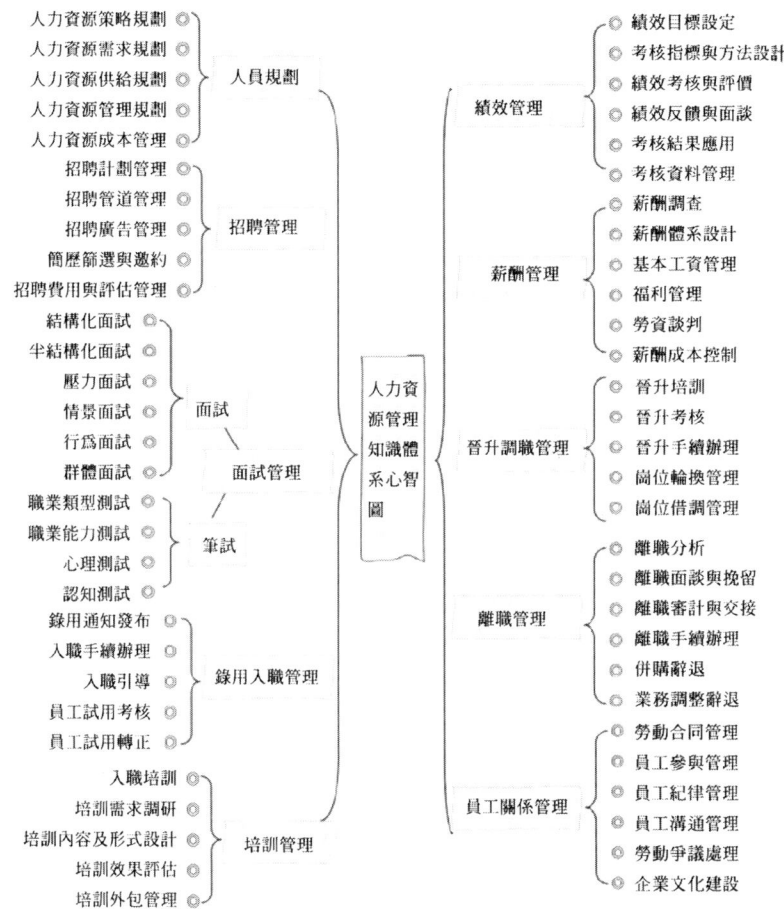

圖 1-1 人力資源管理知識體系心智圖

1.2 人力規範化管理體系設計模板

1.2.1 業務模型模板設計

業務模型主要用來描述企業管理所涉及的業務內容、業務表現及業務之間的關係，主要從業務工作心智圖和主要工作職責兩個方面進行設計。其具體模板設計如下：

1. 業務工作心智圖模板設計

業務工作心智圖是對業務內容進行分類描述，並對分類內容進行具體說明的模板。企業可以以表1-1所示的業務工作心智圖示例模板為參考，設計出適用的部門業務工作心智圖。

表1-1 業務工作心智圖模板範例

工作內容	內容具體說明
	1. 2. 3.
	1. 2. 3.

2. 主要工作職責模板設計

針對每一項業務或每一項工作，要做到事事有人做。這是企業各個部門在進行本部門所設職位的職責設計時所遵循的首要原則。同時，人力資源部還應做好企業戰略分析、工作任務分析以及業務流程梳理工作，在此基礎上設計部門及每個職位的主要職責。

企業主要工作職責的設計，可參照模板的思路，具體如表1-2所示：

表 1-2 主要工作職責模板

工作職責	職責具體說明
	1. 2. 3.
	1. 2. 3.

流程是企業為向特定的顧客或市場提供特定的產品或服務所精心設計的一系列連續、有規律的活動，這些活動以確定的方式進行，並帶來特定的結果。

1.2.2 管理流程模板設計

流程作為企業規範化管理體系中的一個維度，主要採用流程圖的方式進行設計。流程圖透過適當的符號記錄全部工作事項，用於描述工作活動的流向順序。流程圖由一個開始節點、一個結束節點及若干中間環節組成，中間環節的每個分支也要有明確的判斷條件。

常見的流程形式有矩陣式流程和泳道式流程。本書採用的泳道式流程為企業常見流程形式，其編寫模板示例如圖 1-2 所示。

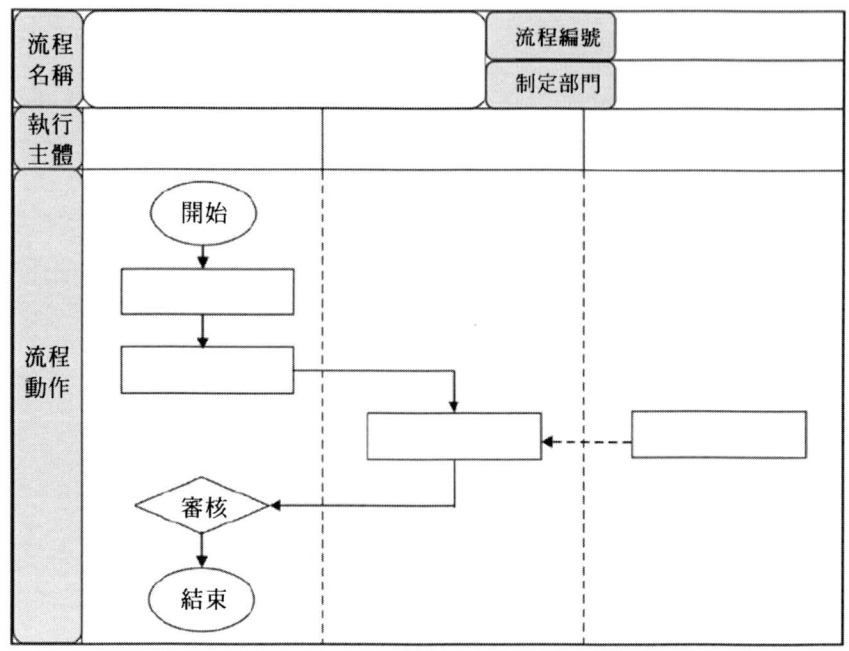

圖 1-2 流程編寫模板示意圖

1.2.3 管理標準模板設計

　　管理標準是企業對日常管理工作中需要協調統一的管理事項所制訂的標準。企業制訂管理標準，可為相關工作的開展提供依據，有利於管理經驗的總結、提高，有利於建立協調高效的管理秩序。企業管理標準包括工作標準和績效標準兩項。

　　1. 工作標準模板設計

　　工作標準，是指一個訓練有素的人員在履行職責中完成工作內容所應遵循的流程和制度。具備勝任資格的在崗人員，在按照工作標準履行職責的過程中，必須遵循設定的工作依據與規範，並達成工作成果或目標。

　　企業具體工作標準的設計，可參照相關模板，具體如表 1-3 所示。

　　表 1-3 工作標準模板

工作事項	工作依據與規範	工作成果或目標
1.	◆ ◆	(1) (2)
2.	◆ ◆	(1) (2)
3.	◆ ◆	(1) (2)

2. 績效標準模板設計

績效標準是結果標準，著眼於「應該做到什麼程度」。績效標準，是在確定工作目標的基礎上，設定評估指標、制訂評估標準，與實際工作表現進行對照、分析，以衡量、評估工作目標的達成程度，它注重工作的最終產出和貢獻。

根據績效標準的要項，績效標準模板設計可參照模板的思路，具體如表1-4所示：

表1-4 績效標準模板

工作事項	評估指標	評估標準
1.		(1) (2)
2.		(1) (2)
3.		(1) (2)

1.2.4 管理制度模板設計

管理制度的內容結構常採用「總則＋具體制度＋附則」的模式，一個完整的管理制度通常應包括制度名稱、總則、正文、附則、附件五部分內容。

需要說明的是，對於針對性強、內容較單一、業務操作性較強的制度，正文中可不用分章，直接分條列出即可，總則和附則中有關條目不可省略。

根據制度的內容結構，制度編寫人員可參考相關文本模板編寫具體制度，如表 1-5 所示：

表 1-5 管理制度模板

制度名稱	XX制度		編號	
執行部門		監督部門		編修部門	

第1章　總則

第1條　目的

第2條　適用範圍

第2章

第　條

第　條

第　章　附則

第　條

第　條

編制日期		審核日期		批准日期	
修改標記		修改處數		修改日期	

1.3 業務模型設計要項

1.3.1 基於什麼設計業務模型

業務模型應符合業務實際，符合企業管理需要。企業在設計業務模型前，應明確模型內容、模型形式，對企業高層進行調研，結合業務理論知識對企業業務事項進行分析、分解與設計，從而確定業務工作心智圖和主要工作職責，完成業務模型設計工作。

通常，企業應基於六項內容設計業務模型，具體如圖 1-3 所示：

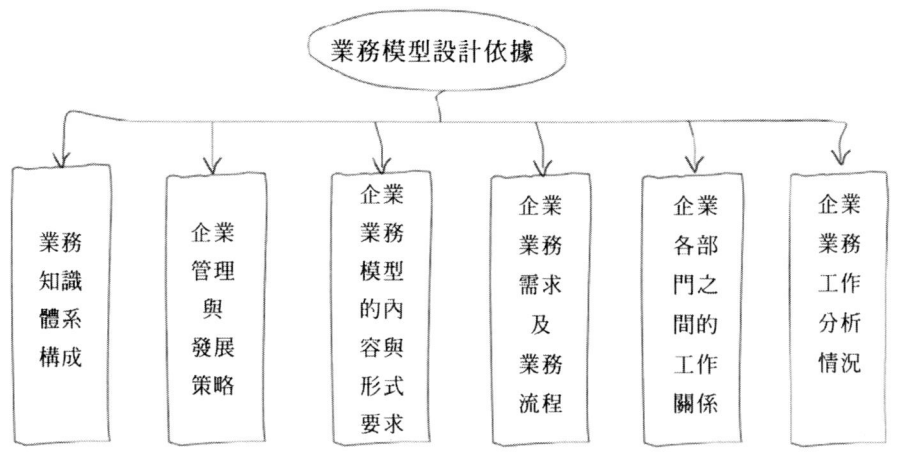

圖 1-3 業務模型設計依據

1.3.2 業務模型如何有效導出

明確業務模型設計依據後，企業應導出業務模型，以發揮業務模型的指導、規範作用。業務模型的具體導出步驟主要包括四步，如圖 1-4 所示。

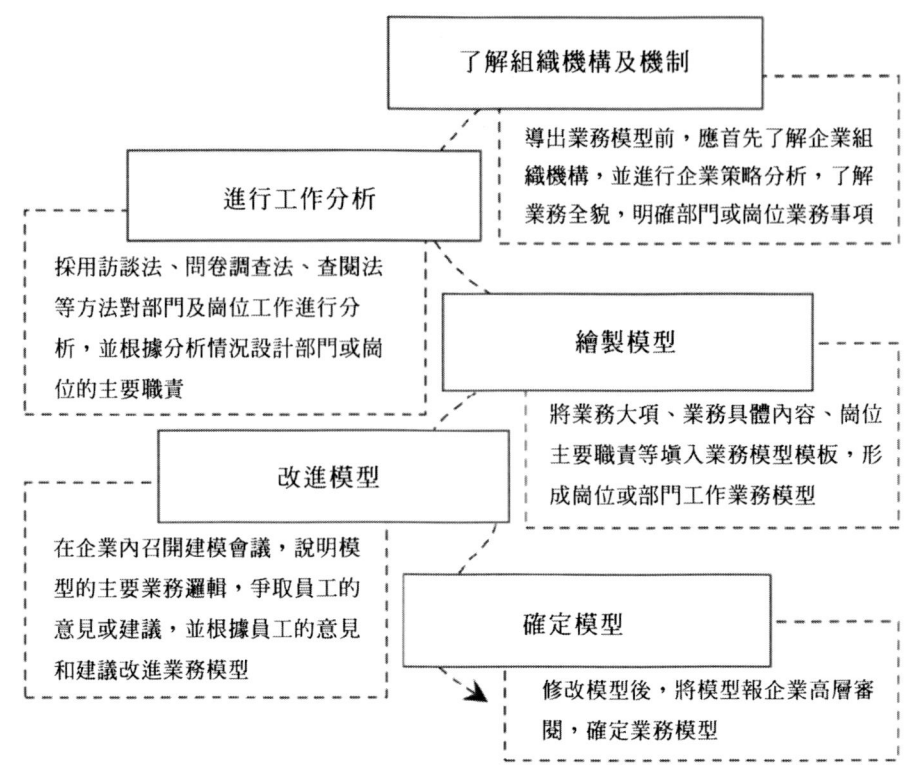

圖 1-4 業務模型導出步驟

1.3.3 業務模型設計注意事項

為提高業務模型的準確性、實用性，企業在設計業務模型時，應注意以下六點：

（1）設計業務模型前，應確定業務願景，並明確業務範圍；

（2）設計業務模型前，應明確業務流程；

（3）單項業務的主要職責以 3~10 項為宜；

（4）業務模型內容應在企業或部門內部達成共識；

（5）業務模型包括業務工作心智圖與主要工作職責兩項，應分別設計，不可混淆；

　　（6）業務模型的內容應具體、簡練，易於理解，應與日常工作息息相關。

1.4 管理流程設計要項

1.4.1 管理流程設計

　　管理流程主要用於支持企業戰略和經營決策，應用範疇包括人力資源管理、資訊系統管理等多個領域。企業透過流程管理對業務開展情況進行監督、控制、協調和服務。

　　管理流程具有分配任務、分配人員、啟動工作、執行任務、監督任務等功能。管理流程包括設計、運行、監督三部分內容。管理流程設計，即運用各種繪圖工具繪製流程圖，將管理內容以流程圖的形式固定下來。

　　管理人員在具體設計管理流程時，可按以下三步進行：

　　1.選擇流程形式

　　流程圖有很多種類型，流程設計人員應根據流程內容，選擇合適的流程圖形式。常見流程圖有矩陣式流程和泳道式流程兩種。

　　（1）矩陣式流程。矩陣式流程有縱、橫兩個方向，縱向表示工作的先後順序，橫向表示承擔該工作的部門或職位。矩陣式流程透過縱、橫兩個方向的坐標，既解決了先做什麼、後做什麼的問題，又解決了各項工作由誰負責的問題。

　　對於矩陣式流程圖，美國國家標準學會對其標準符號做出了規定，常用的流程圖標準符號如圖 1-5 所示。

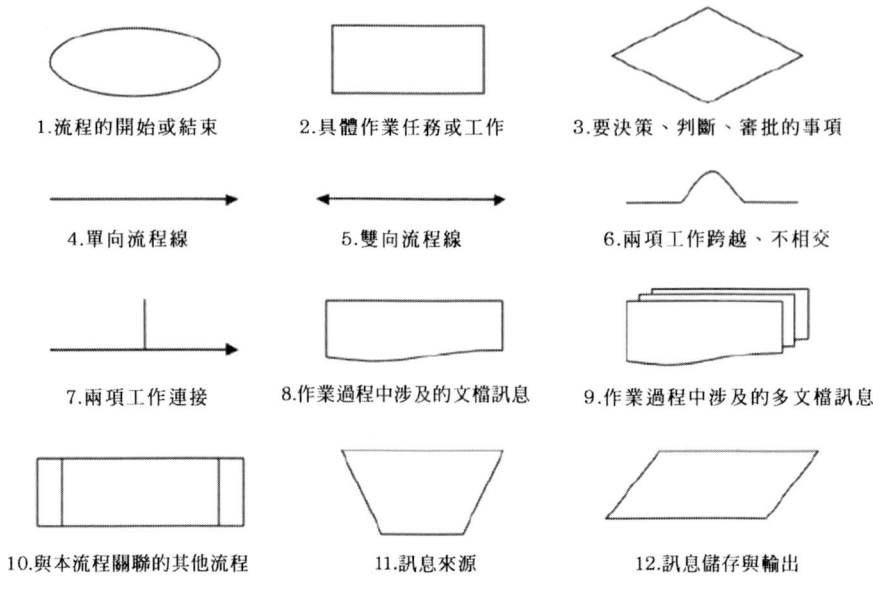

圖 1-5 流程圖標準符號

實際上，流程圖標準符號遠不止圖 1-5 所示的這些，但是，考慮到流程圖繪製越簡單明瞭，操作起來越方便，建議一般情況下使用圖 1-5 所示的前四種標準符號。

（2）泳道式流程。泳道式流程也是流程圖的一種，它能夠反映各職位之間、各部門之間、部門與職位之間的關係。泳道式流程與其他形式的流程圖相比，具有能夠理清流程管理中各自的工作範圍、明確主體之間的交接動作等優點。

泳道式流程也有縱、橫兩個方向，縱向表示執行步驟，橫向表示執行主體，繪製泳道式流程所用的標準符號如圖 1-5 所示。

泳道式流程圖用線將不同區域分開，每一個區域表示各執行主體的職責，並將執行步驟按照職責組織起來。泳道式流程圖可以方便地描述企業的各種管理流程，直觀地描述執行步驟和執行主體之間的邏輯關係。

2. 選擇流程繪製工具

1.4 管理流程設計要項

繪製流程圖的常用軟件有 Word、Visio，二者在繪製流程圖方面各有特色，如表 1-6 所示。企業可根據本企業流程設計要求、自己的使用習慣等選擇使用合適的繪製工具。

表 1-6 流程圖繪製常用工具

工具名稱	工具介紹
Word	• Word軟體普及率高，使用方便 • 排版、列印、印刷方便 • 繪製的圖片清晰、文件較小，容易複製到移動存儲設備上 • 繪製比較費時，難度較大；功能簡單，不夠全面
Visio	• Visio是專業的繪圖軟體，附帶了相關的建模符號 • 通過拖動預定義的圖形符號，能夠很容易地組合圖表 • 可根據本企業流程設計需要進行自定義 • 能繪製一些組織複雜、業務繁雜的流程圖

3. 繪製流程圖

管理流程圖繪製步驟主要包括六步，具體如圖 1-6 所示：

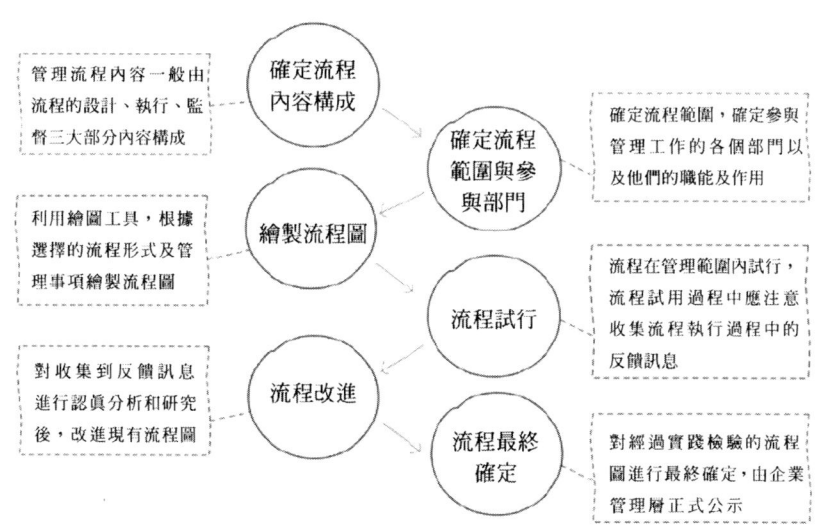

圖 1-6 管理流程圖繪製步驟

1.4.2 業務流程設計

業務流程主要指企業實現其日常功能的流程，它將工作分配給不同職位的人員，按照執行的先後順序以及明確的業務內容、方式和職責，在不同職位人員之間進行交接。不同的職能事項模塊，其業務流程的分類也有所不同。例如，在人力資源規範化管理體系中，常見的業務流程包括面試實施工作流程、員工入職手續辦理流程、培訓效果評估工作流程、員工離職控制工作流程等。

業務流程對企業的業務運營能造成一定的指導作用，業務流程具有層次性、人性化和效益性的特點。為規範企業各項業務的執行程序，明確各項業務的責任範圍等，企業需繪製業務流程圖，將流程設計成果以書面化呈現。流程圖具體繪製程序如圖 1-7 所示：

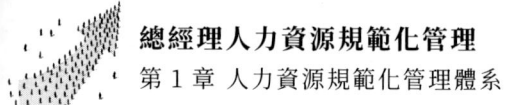

圖 1-7 業務流程設計程序

1.4.3 流程設計注意問題

企業在具體設計管理或業務流程時，應注意以下四點，以確保流程內容規範、執行責任明確等。

（1）設計流程的目標要與企業經營目標、資訊技術水平相符合；

（2）流程圖的繪製應根據工作的發展，簡明地敘述流程中的每一件事；

（3）流程圖的繪製應簡潔、明了，這樣不但操作起來方便，推行和執行人員也容易接受和落實；

（4）各工作事項均應明確責任與實施主體。

1.5 管理標準設計要項

1.5.1 工作標準設計

工作標準是用於比較的一種員工均可接受的基礎或尺度。制訂工作標準的關鍵是定義「正常」的工作速度、正常的技能發揮。工作標準設計程序如下：

1. 明確工作標準的內容

規範的工作標準應包括以下五項內容：工作範圍、內容和要求，與相關工作的關係，職位任職人員的職權與必備條件，工作依據與規範，工作目標或成果。

2. 提取工作事項

企業應首先對部門或職位的工作進行分析，並根據分析情況、主要工作職責及業務流程，提取職位工作事項。工作事項應全面、具體。

3. 確定工作依據

提取工作事項後，企業要根據事項涉及的部門及工作內容等，確定工作依據。工作依據一般包括與工作相關的制度、流程、表單、方案及其他相關資料等。

4. 確定工作目標

（1）正常工作效率測算。正常工作效率是指在一定的時間內，無須額外勞動或提高工作強度所得出的勞動成果。正常工作效率測算程序如圖 1-8 所示：

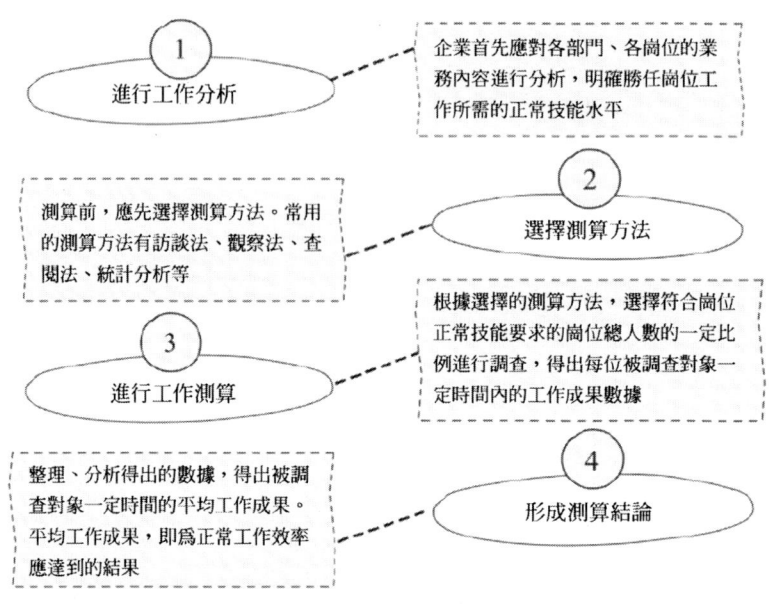

圖 1-8 正常工作效率測算程序

（2）設定工作目標。工作目標應以戰略目標及正常工作效率測算數據為依據制訂。一般來說，工作目標應略高於正常工作效率測算得出的數據，工作目標應詳細、清晰、描述具體，應是正常工作時間內，正常工作效率和工作技能可以達到或實現的。

5. 形成工作標準

企業應將分析或測算得出的工作事項、工作依據、工作成果或目標等資訊整理彙總，填入工作標準模板，形成企業工作標準體系。

1.5.2 績效標準設計

績效標準是部門或職位相應的每項任務應達到的績效要求。績效標準明確了員工的工作目標與考核標準，使員工明確工作該如何做或做到什麼樣的程度。績效標準的設計，有助於保證績效考核的公正性，同時可為工作標準設計提供依據和參考。

1. 績效標準設計原則

績效標準一般具有明確具體、可度量、可實現、有時間限制等特點，企業可根據績效標準的特點和 SMART 原則設計績效標準，具體說明如圖 1-9 所示：

圖 1-9 績效標準設計原則

2. 績效標準設計程序

績效標準設計程序主要包括四步，具體如下：

（1）確定工作目標。工作目標通常由公司的戰略目標分解得到，工作目標確定了，才能進行評估指標的分解設置。

（2）提取評估指標。評估指標應與工作目標相關，與職位工作相關。企業需熟悉職位工作流程，瞭解被考核對像在流程中所扮演的角色、肩負的責任以及同上下游之間的關係，根據關鍵工作事項、模範工作行為等提取評估指標。評估指標可以是定量的也可以是定性的。

（3）設計評估標準。評估標準應根據評估指標編制，企業可採取等級描述法，對工作成果或工作履行情況進行分級描述，並對各級別用數據或事實進行具體和清晰的界定，使被考核對象明確指標各級別達成要求，明確指標達成狀態。

（4）形成績效標準體系。將工作目標、評估指標、評估標準等填入績效標準模板，形成完整的績效標準體系。

1.5.3 標準設計注意問題

為提高工作標準的合規合理性，提高員工對工作標準的認同度等，企業在具體設計管理標準時應著重注意以下五點事項：

1. 標準高低應適當

當管理標準與工資掛鉤時，員工會因標準過高而反對，而管理人員認為標準過低也會反對。事實上標準過高或過低均不好，它會給計劃制訂、人員安排等工作帶來很多困難，從而給企業帶來損失。

不同的人站在不同立場上會有不同的看法，因此，工作標準的「高」與「低」是一個相對尺度。企業在具體設計標準時應從管理者和員工兩方面考慮，確保標準高低適當。

2. 制訂標準要以人為本

反對標準的人認為，標準缺乏對人的尊重，把人當作機器來制訂機械的標準。因此，在「以人為本」思想的指導下，企業可採用「全員參與」等方法制訂標準，以獲得員工的理解和支持。

3. 制訂標準要進行成本效益評估

制訂標準本身要耗費相當的時間、人力和費用，因此，需要預估制訂成本與標準所能帶來的收益，評估成本是否低於編制標準帶來的好處。

4. 工作標準要適時修訂

工作標準要適時修訂，避免員工因擔心企業將工作標準提高，即使創造了更好的新工作方法也將之保密，從而難以提高生產率。同時，適時修訂工作標準也可及時對提升工作標準、創造高業績的人員進行正向激勵。

5. 標準內容要全面

工作標準的內容不僅要包括員工的基本工作職責，而且還要包括同其他部門的協作關係、為其他部門服務的要求等；不僅要包括定性的要求，還要有定量的要求。

1.6 管理制度設計要項

1.6.1 章、條、款、項、目的有效設計

管理制度一般按章、條、款、項、目結構表述，內容簡單的可以不分章，直接以條的方式表述。章、條、款、項、目的編寫要點如下：

1.「章」的編寫

「章」要概括出制度所要描述的主要內容，然後透過完全並列、部分並列和總分結合的方式確定各章的標題，根據章標題確定每章的具體內容。

2.「條」的編寫

制度「條」的內容應按圖 1-10 所示的要求進行編制。

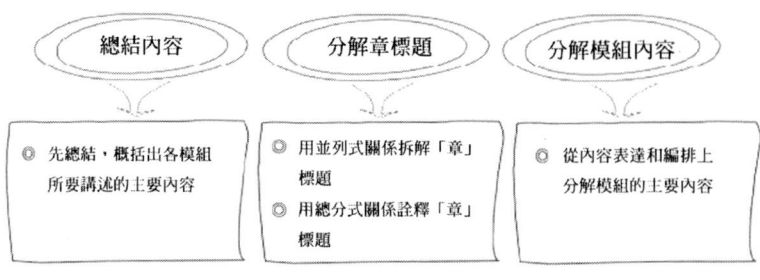

圖 1-10 「條」的編寫要求

3. 「款」的編寫

「款」是條的組成部分，「款」的表現形式為「條」中的自然段，每個自然段為一款，每一款都是一個獨立的內容或是對前款內容的補充描述。

4. 「項」的編寫

「項」的編制可以採用三種方法，即梳理肢解「條」的邏輯關係、直接提取「條」的關鍵詞、設計一套表達「條」的體系。「項」的編寫一定要具體化，透過具體化可以實現以下四個目的：

(1) 給出「目」的編寫範圍；

(2) 控制編寫思路；

(3) 明示編寫人員；

(4) 控制編寫篇幅。

1.6.2 管理制度設計注意問題

在設計管理制度時，制度設計及編寫人員應注意六點事項，以使設計的制度符合法律法規要求、格式規範、用詞標準、職責明確等，具體如圖 1-11 所示：

1.6 管理制度設計要項

管理制度設計注意問題
- 制度設計前應了解國家相關法律法規
- 制度的依據、內容需合規合法
- 制定統一的文本格式和書寫要求,需要統一的部分包括結構、內容、編號、圖標、流程、字體、字號等
- 制度條文不能包含口頭語言,應使用書面語;制度條款的內容應明確、詳實,便於理解
- 凡涉及兩個部門或多個部門共同管理、操作的業務,在編寫制度內容時要注意分清職責界限,完善跨部門之間的銜接
- 制度是告訴人們在做某件事時應遵循的規範和準則。因此在設計制度時無須將制度條款涉及的知識點羅列出來或進行知識點介紹

圖 1-11 管理制度設計注意事項

第 2 章 人力規劃業務·制度·流程·標準

2.1 人力規劃業務模型

2.1.1 人力規劃業務工作心智圖

　　人力規劃是指企業從戰略規劃角度出發，根據企業內外部環境條件，預測企業未來的人力資源需求，以及為滿足這種需求所開展的各類人力資源活動。人力規劃是企業建立戰略型人力資源管理體系的前瞻性保障。企業人力規劃的業務主要包括戰略規劃、組織規劃、制度規劃、人員規劃和費用規劃，其工作心智圖如圖 2-1 所示：

工作內容	內容說明	相關審核人員
策略規劃	• 根據企業總體發展策略對企業人力資源的政策、管理方向等進行總體安排和部署 • 這一業務主要包括人力開發和利用的方針、人力政策及策略、人力的具體計劃等	★人力資源部經理進行審核 ★公司總經理進行審批
組織規劃	• 對企業整體組織結構和框架的設計，包括組織訊息的採集、處理和應用，組織結構圖的繪製，組織調查、診斷和評價，組織設計與調整等	★人力資源部經理進行審核 ★公司總經理進行審批
制度規劃	• 對企業人力資源管理制度進行規劃、設計等，包括人力資源管理制度體系建設的程序、各項人力資源制度等，如培訓開發制度、招聘管理制度等	★人力資源部經理進行審核 ★公司總經理進行審批
人員規劃	• 對企業人員總量、構成、流動的整體規劃，包括人力資源現狀分析、企業定員定崗、人員需求與供給預測和人員供需平衡等方面的規劃	★人力資源部經理進行審核 ★公司總經理進行審批
費用規劃	• 對企業人工成本、人力資源管理費用的整體規劃，包括人力資源費用的預算、核算、結算以及人力資源費用控制等方面的規劃	★人力資源部經理、財務部進行審核 ★公司總經理進行審批

圖 2-1 人力規劃業務工作心智圖

2.1.2 人力規劃主要工作職責

企業人力規劃工作主要由人力資源部負責,其主要工作職責說明如表 2-1 所示:

表 2-1 人力規劃主要工作職責說明表

工作職責	職責具體說明
人力總體規劃	1.制定企業長期、中期和短期人力資源規劃,包括策略發展規劃、組織人事規劃、制度建設規劃和員工開發規劃、人力資源費用規劃等內容 2.根據企業發展實際情況,制定企業人才需求基本素質模型,並根據此模型為企業選拔和培養人才
組織結構規劃	1.根據企業經營目標、業務流程等設計企業組織結構,保證組織結構能夠滿足企業高效運轉的要求 2.根據企業組織結構、業務流程等設計合理的職位,並進行工作分析,確定各個職位的職責和任職要求 3.科學合理地對企業組織結構、職位設置進行說明,並根據職位的任職要求確定人才招聘方向和要求
人員需求及供給管理	1.根據企業成員自然流動及內部流動趨勢計算企業各部門的人員需求量,並編製人才需求計劃 2.規範企業人員流動機制,制定崗位流動政策,完善人才供給管理機制
人員配置與晉升規劃	1.對各崗位的職位發展方向進行規劃,合理安排晉升層次 2.根據人才測評結論引導企業成員做好職業規劃 3.根據企業供給計劃及晉升規劃,促進人力資源的優化配置,提高企業運轉效率
培訓開發規劃	1.調查企業員工的主要培訓需求,根據員工需求及企業業務範圍及特點等制定培訓規劃,協助研發培訓課程 2.跟蹤並反饋員工培訓情況,根據需要及時對培訓內容進行修訂和更改,保證員工培訓開發的效果

表2-1(續)

薪酬規劃	1.結合企業運營目標以及地區及同行業工資水平，對企業內各職位進行分析和評價，制定企業的基本薪酬政策 2.確定企業薪酬結構，對基本工資、績效工資、獎勵工資、津貼、福利等薪酬項目的制定符合企業實際和市場需求的標準
人力資源政策規劃	1.制定並完善人力資源管理政策，防止出現勞動糾紛，規避合同風險 2.及時調整不適應企業現狀的各項人力資源管理政策，創造有利於企業成員發展的客觀環境

2.2 人力資源規劃流程

2.2.1 主要流程設計心智圖

人力資源規劃流程可規範企業人力資源規劃工作，提高人力資源規劃工作效率。人力資源部可根據人力資源規劃工作程序，在人力資源需求預測、人力資源供給預測、人力資源工作計劃管理三個方面設計人力資源規劃流程，具體可設計以下流程，如圖 2-2 所示：

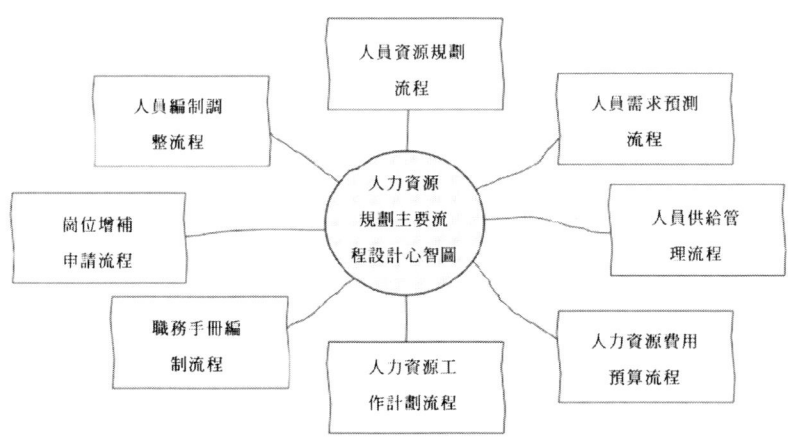

圖 2-2 人力資源規劃主要流程設計心智圖

2.2.2 人員編制調整流程設計

人員編制調整流程如圖 2-3 所示：

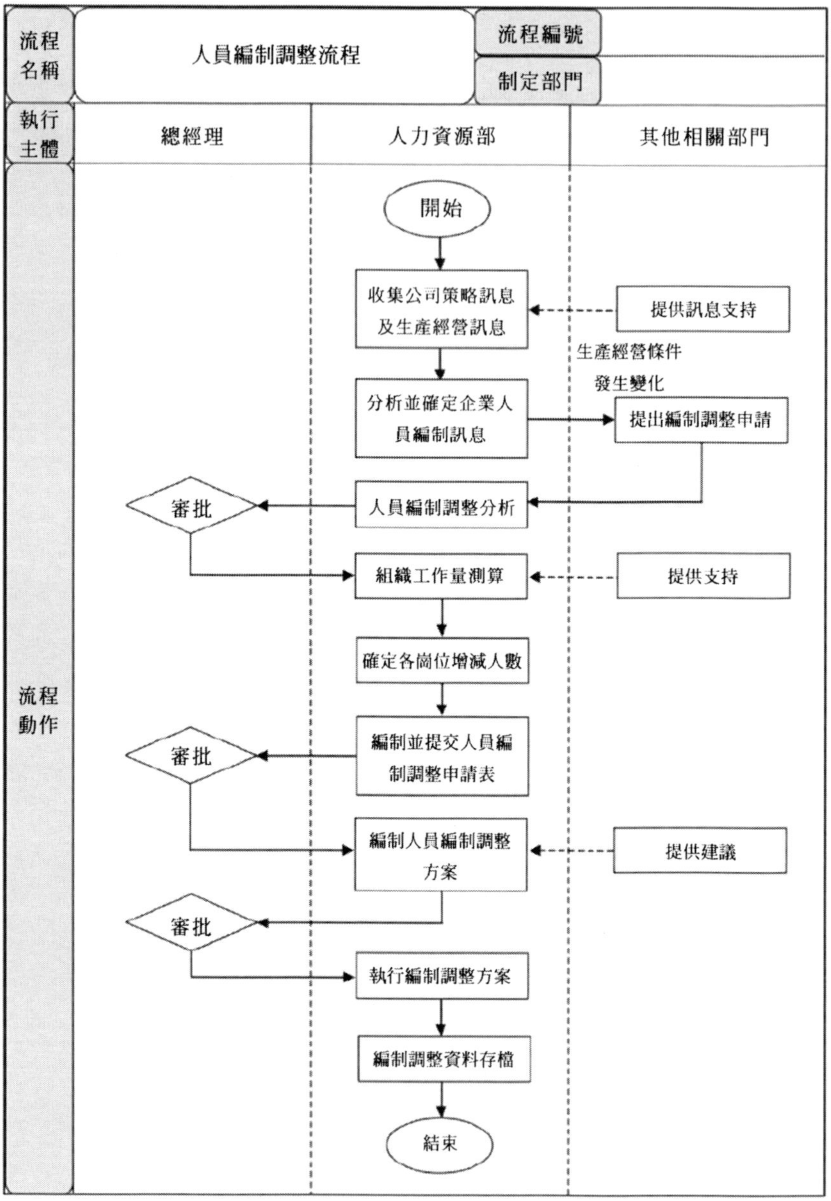

圖 2-3 人員編制調整流程

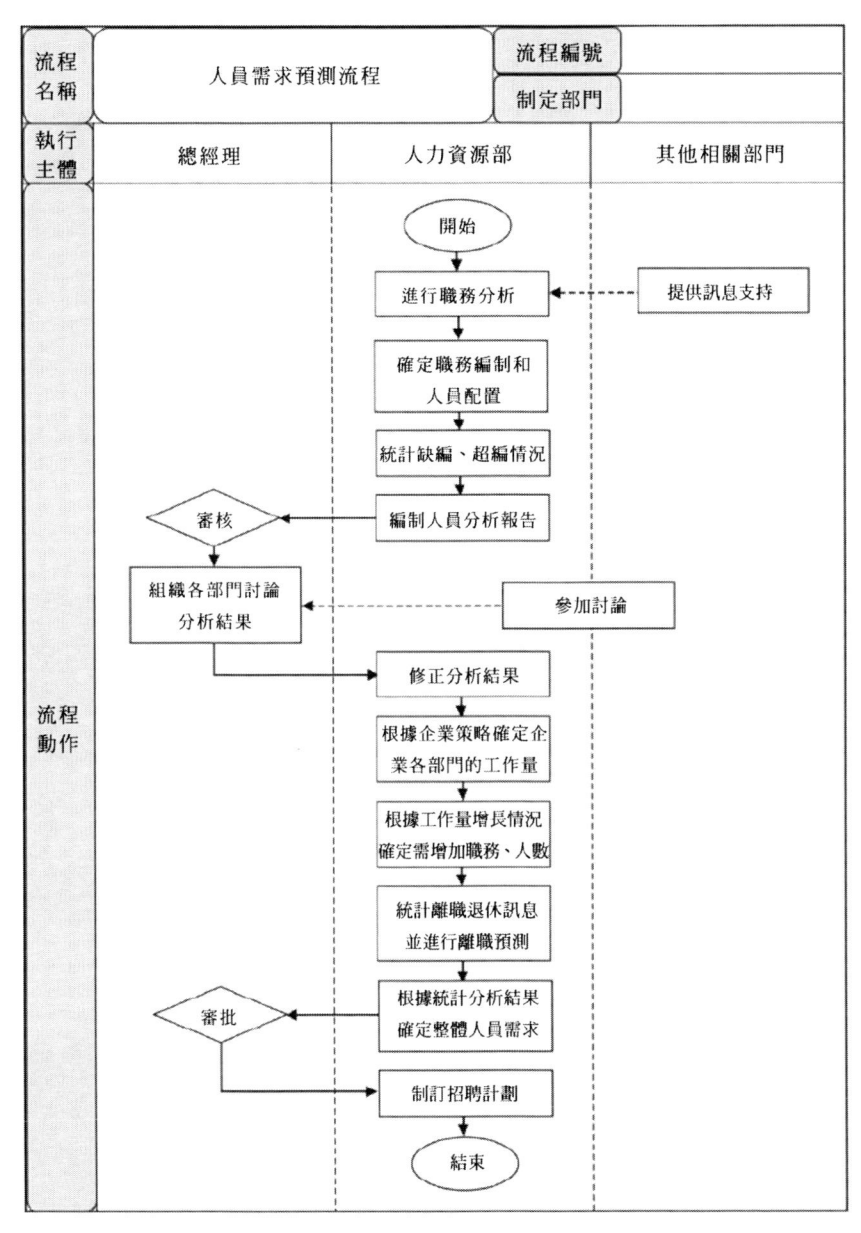

2.2.3 人員需求預測流程設計

人員需求預測流程如圖 2-4 所示：

流程名稱	人員需求預測流程	流程編號	
		制定部門	
執行主體	總經理	人力資源部	其他相關部門
流程動作		開始 → 進行職務分析 ← 提供訊息支持 ↓ 確定職務編制和人員配置 ↓ 統計缺編、超編情況 ↓ 審核 ← 編制人員分析報告 ↓ 組織各部門討論分析結果 ← → 參加討論 ↓ 修正分析結果 ↓ 根據企業策略確定企業各部門的工作量 ↓ 根據工作量增長情況確定需增加職務、人數 ↓ 統計離職退休訊息並進行離職預測 ↓ 審批 ← 根據統計分析結果確定整體人員需求 ↓ 制訂招聘計劃 ↓ 結束	

圖 2-4 人員需求預測流程

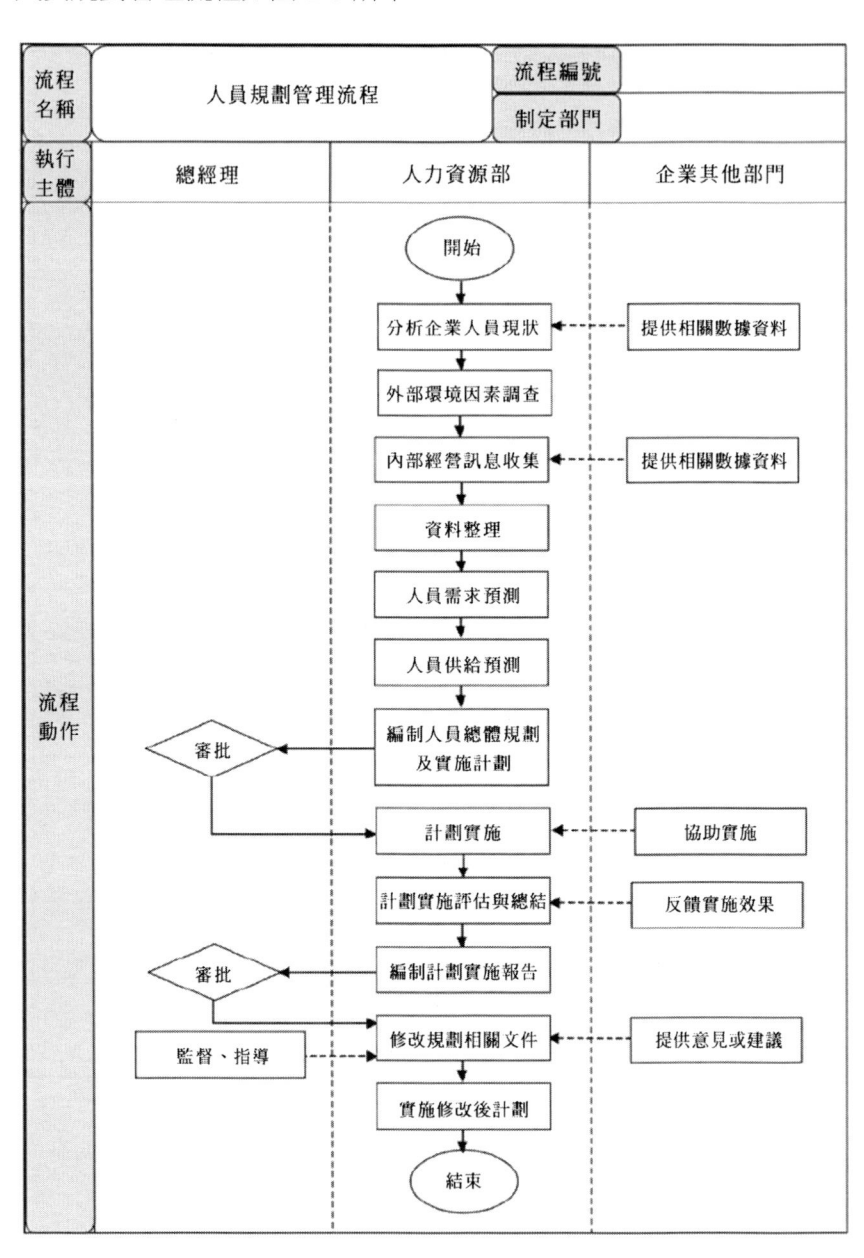

2.2.4 人員規劃管理流程設計

人員規劃管理流程如圖 2-5 所示：

流程名稱	人員規劃管理流程		流程編號	
			制定部門	
執行主體	總經理	人力資源部		企業其他部門
流程動作	監督、指導	開始 → 分析企業人員現狀 → 外部環境因素調查 → 內部經營訊息收集 → 資料整理 → 人員需求預測 → 人員供給預測 → 編制人員總體規劃及實施計劃 →〈審批〉→ 計劃實施 → 計劃實施評估與總結 →〈審批〉→ 編制計劃實施報告 → 修改規劃相關文件 → 實施修改後計劃 → 結束		提供相關數據資料／提供相關數據資料／協助實施／反饋實施效果／提供意見或建議

圖 2-5 人員規劃管理流程

2.3 人力資源規劃標準

2.3.1 人力資源規劃業務工作標準

人力資源規劃工作事項主要包括人力總體規劃、人員配置與補充規劃、人員晉升與使用規劃、培訓開發規劃、績效與薪酬福利規劃、員工關係計劃等，其工作依據與規範及工作成果或目標的具體說明如表 2-2 所示：

表 2-2 人力資源規劃業務工作標準

工作事項	工作依據與規範	工作成果或目標
人力總體規劃	◆企業策略發展政策及方針、市場調查結果、人力資源規劃管理制度、企業現狀、企業財務預算等	(1)人員規劃任務按時完成率達100% (2)人員結構合理
人員配置與補充規劃	◆同行業職務編制調查結果、企業總經理對職務編制規劃的指導意見、企業目標、企業發展計劃、企業人員總數、企業人員生產力現狀等	(1)規劃任務按時完成 (2)人員配置合理
人員晉升與使用規劃	◆人員開發管理制度、企業內部員工調查報告、人員需求分析報告、相關人員能力素質、績效考核結果、員工職業規劃等	(1)員工適崗率達100% (2)人員晉升合理率達100%
培訓開發規劃	◆企業培訓管理制度、年度培訓工作計劃、以往年度培訓總結報告、員工培訓建議統計報告、員工培訓需求、員工績效考核結果等	(1)員工及時率達100% (2)培訓滿意度評分在__分以上
績效與薪酬福利規劃	◆企業績效及薪酬管理制度、上一年度績效考核結果、國家公布的地區年度最低工資標準、企業薪酬結構及薪酬體系、同行業薪酬調查報告、員工薪酬滿意度調查結果等	(1)績效及薪酬體系公平合理 (2)員工滿意度評分在__分以上

2.3.2 人力資源規劃業務績效標準

人力資源規劃業務績效結果項目主要包括工作計劃管理、規劃質量管理及規劃成本管理，具體績效評估指標與標準如表 2-3 所示：

表 2-3 人力資源規劃業務績效標準

工作事項	評估指標	評估標準
規劃工作計劃管理	規劃方案提交及時率	1.規劃方案提交完成率＝$\dfrac{規劃方案及時提交的次數}{規劃方案提交的總數} \times 100\%$ 2.規劃方案提交及時率應達到__%，每降低__個百分點，扣__分；低於__%，本項不得分
人力資源規劃品質管理	組織結構設計合理性	1.企業組織結構設計合理，部門分工明確，運行正常，無推諉工作及重複工作現象等 2.考核期內，出現一次部門工作推諉或重複現象，該項扣__分，超過__次，該項不得分
	部門成員配置合理性	1.部門成員配置精簡，成員分工明確並合理，能夠高效完成部門任務，該項得__分 2.部門成員配置尚可，分工明確合理，能夠按要求完成任務，該項得__分 3.部門成員配置混亂，分工不明確，影響任務的完成，該項得__分
	職務手冊編寫完善率	1.職務手冊編寫完善率＝$\dfrac{已完善的職務手冊數}{應完善職務手冊總數} \times 100\%$ 2.職務手冊編寫完善率應達到__%，每降低__個百分點，扣__分；低於__%，本項不得分

表2-3(續)

	人力資源規章制度完整率	1.人力資源規章制度完整率= $\frac{已建立規章制度的數量}{計劃建立規章制度的總數量} \times 100\%$ 2.人力資源規章制度完整率應達到__%，每降低__個百分點，扣__分；低於__%，本項不得分
	人員晉升滿意度	1.通過問卷調查、訪談等方式對人員晉升制度的合理性進行滿意度調查，得出滿意度評價的算術平均值 2.人員晉升滿意度評分應達到__分，每降低__分，扣__分；評分低於__分，該項不得分
	人力資源需求分析及預測報告提交及時率	1.提交及時率= $\frac{及時提交次數}{應提交報告總數} \times 100\%$ 2.提交及時率應達到__%，每降低__個百分點，扣__分；低於__分，該項不得分
	人力資源規劃方案採用率	1.人力資源規劃方案採用率= $\frac{人力規劃方案採用數量}{人力資源規劃方案提交的數量} \times 100\%$ 2.人力資源規劃方案採用率應達到__%，每降低__個百分點，扣__分；低於__%，本項不得分
	人員編制計劃準確率	1.人員編制計劃準確率= $\frac{人員編制合理的崗位數量}{崗位的總數量} \times 100\%$ 2.人員編制計劃準確率應達到__%，每降低__個百分點，扣__分；低於__%，本項不得分
規劃成本管理	人力資源計劃成本核算率	1.人力資源規劃成本核算率= $\frac{實際核算人力資源規劃成本次數}{計劃核算人力資源規劃成本次數} \times 100\%$ 2.考核期內，指標值達到__%；每減少__個百分點，該項扣__分，指標值低於__%，該項不得分

表2-3(續)

人力資源規劃成本控制率	1.人力資源規劃成本控制率＝ $\dfrac{人力資源規劃成本總額}{人力資源規劃成本預算} \times 100\%$ 2.目標值為__%，達到或低於目標值得滿分；高於目標值的，在 __～__%，得 __～__ 分；高於__%，本項不得分

2.4 人力資源規劃制度

2.4.1 制度解決問題心智圖

企業人力資源規劃管理的人員編制問題、人員需求管理問題、人員計劃管理問題等都可以透過制訂相關人力資源規劃制度來解決。人力資源規劃制度解決問題心智圖如圖 2-6 所示：

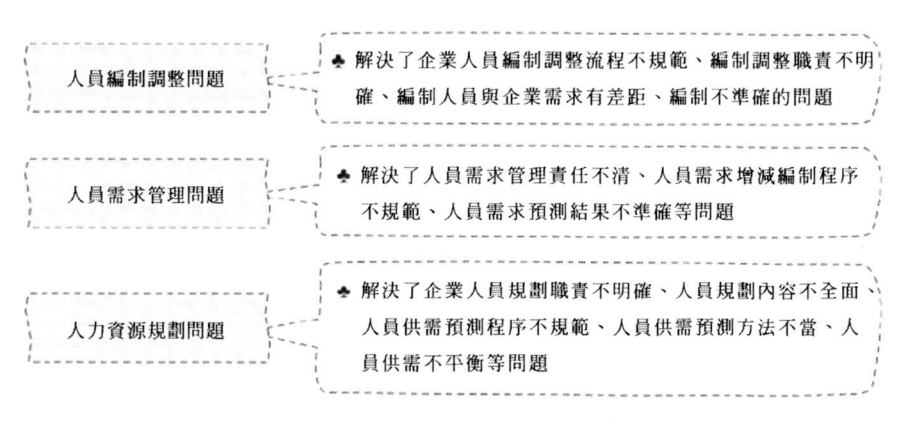

- 人員編制調整問題 ♣ 解決了企業人員編制調整流程不規範、編制調整職責不明確、編制人員與企業需求有差距、編制不準確的問題
- 人員需求管理問題 ♣ 解決了人員需求管理責任不清、人員需求增減編制程序不規範、人員需求預測結果不準確等問題
- 人力資源規劃問題 ♣ 解決了企業人員規劃職責不明確、人員規劃內容不全面、人員供需預測程序不規範、人員供需預測方法不當、人員供需不平衡等問題

圖 2-6 人力資源規劃制度解決問題心智圖

2.4.2 人員編制調整制度設計

人員編制調整制度設計如表 2-4 所示：

2.4 人力資源規劃制度

表 2-4 人員編制調整制度設計

制度名稱	人員編制調整制度	編　　號	
執行部門		監督部門		編修部門	

第1條　目的。

為合理控制人力成本，確保公司人員編制與崗位業務達到最佳匹配，達到人盡其才、才盡其用的目的，特制定本制度，以規範人員編制調整工作。

第2條　適用範圍。

本制度適用於公司新增或調整業務流程、業務量發生變化或其他需要調整崗位描述和人員編制的情況。

第3條　管理職責。

1.公司總經理負責對人員編制調整工作進行整體規劃和部署，並監控人員編制調整的全過程。

2.公司人力資源部負責收集人員編制的調整需求，並根據市場客觀環境公司各部門、各崗位的現實狀況等制訂人員編制調整計劃及方案等。

3.公司其他部門負責向人力資源部提供人員編制調整所需的各類數據及訊息等，並及時對人力資源部提出的相關編制調整問題進行解答。

第4條　人員編制調整目標。

1.確保崗位設置的準確性、合理性及可操作性，能夠適應公司各部門的業務發展需要。

2.確保崗位職責描述和人員編制狀況等隨著崗位的調整而及時調整。

第5條　人員編制調整流程。

1.人員編制調整申請。公司各部門根據本部門的業務發展需要等向人力資源部提出人員編制調整申請，人力資源部受理人員編制調整申請後，組織收集同行業其他企業本崗位的人員編制訊息，以作為人員編制調整的參考依據。

2.人員編制調整分析。人力資源部根據收集到的訊息，並結合公司內

表2-4(續)

部現有人員編制情況，分析本公司與其他公司的主要差異及公司的實際需要，確定是否需要對人員編制進行調整。

如不需要調整，人力資源部應對申請部門解釋不需要調整人員編制的原因；如需要調整，人力資源部應組織進行工作量測算。

3.工作量測算。確定人員編制需要調整後，人力資源部應組織公司各部門對本部門的工作量進行合理測算。各部門在測算工作量時，應考慮本部門各崗位的工作任務數、完成一項工作任務所需時間數和人員數、人員的工作效率等工作量影響因素。

4.編制並提交申請表。各部門對本部門的工作量進行測算後，人力資源部負責對各部門的測算數據進行整理和分析，並根據分析結果編制「人員編制調整申請表」，並提交公司總經理審核、審批。

申請表的具體樣式如下所示：

人員編制調整申請表

用人部門	現有編制	增（減）崗位	增（減）人數	增（減）理由	其他說明
生產部					
研發部					
設備部					
質量管理部					
人力資源部審核意見	審核人： 審核時間： 年 月 日				
總經辦審核意見	審核人： 審核時間： 年 月 日				
備註					

5.公司總經理審核申請表。審核申請表時，公司總經理應重點對人員

表2-4(續)

編制調整的崗位、數量、理由等進行審核，判定其是否屬實，並根據公司策略發展規劃、人力資源規劃等進行審批，做出同意、不同意或修改人員編制調整申請的決定。

6.人員編制調整結果的執行。人力資源部根據公司總經理的審批意見對公司各部門的人員編制進行合理調整，並及時將調整後的崗位描述和人員編制訊息存檔。

第6條 本制度由人力資源部負責制定與修改。

第7條 本制度經公司總經理審批通過後執行。

編制日期		審核日期		批准日期	
修改標記		修改處數		修改日期	

2.4.3 人員需求管理制度設計

人員需求管理制度設計如表 2-5 所示：

表 2-5 人員需求管理制度設計

制度名稱	人員需求管理制度		編　　號	
執行部門		監督部門	編修部門	

第1條　目的

為全面收集公司人員需求訊息，制訂切實可行的人員需求計劃，以合理控制和調整人員編制，滿足企業及員工的長遠發展目標，特制定本制度。

第2條　適用範圍。

本制度適用於公司人員需求管理的全部事宜，包括人員需求申請、人員需求調查與分析、人員需求預測、人員需求計劃編制等內容。

第3條　管理職責。

1.公司總經理負責對人員需求管理進行全面安排和部署，對人力資源部提交的人員需求報告及計劃進行審核、審批。

2.公司人力資源部負責對各部門的人員需求進行統計、調查、分析，並編制人員需求報告及人員需求計劃。

表2-5(續)

　　3.公司其他部門負責及時向人力資源部提供人員需求訊息及數據,便於人力資源部盡早開展相關工作,並配合人力資源部進行人員需求調查。

　第4條　人員現狀分析。

　　在對企業人員狀況進行分析時,人力資源部應從人員的基本情況、工作經驗、工作潛力及公司各類人員的整體結構等方面進行分析,具體說明如下表所示:

人員現狀分析說明表

分析因素	具體說明
基本情況	主要從人員的性別、年齡、學歷、專業等方面進行分析
工作經驗	主要從人員的工作經歷、培訓經驗等方面進行分析
工作潛力	主要從人員的各項能力、工作態度、特長等方面進行分析
整體結構	主要從各類人員所占比重方面進行分析

　第5條　人員需求申請。

　　公司各部門根據部門的人員編制狀況及業務處理情況,編寫「人員需求申請表」,並將其交人力資源部整理、匯總。

　　1.各部門當月有人力資源需求的,必須於上月預算期間提出部門人員需求計劃,未提出的,人力資源部不予安排招聘工作。

　　2.對於編制內人員需求申請,用人部門應按照以下要求開展申請工作:

　　(1)各職能部門由於人員流失或異動,產生的崗位空缺,需要補充人員的,應當於員工離職或異動批准之日提交「人員補充申請表」到人力資源部。

　　(2)部門因工作需要需增編時,用人部門應當向人力資源部提交以下資料:增編申請表、職位說明書、部門組織架構及組織業務說明等。

　第6條　人員需求調查與分析。

　　人力資源部收到各部門提交的人員需求資料後,應採用訪談法、問卷調查法等方法對企業高層領導及用人部門進行調查,根據各部門工作目標及企業發展需要等,調查開展工作所需的人員編制,並結合各部門的用人需求,分析各部門人員需求的合理性等。

表2-5(續)

> 第7條 人員需求預測。
> 1.人力資源部根據調查及分析結果，確定各部門的人員編制與人員配置。
> 2.人力資源部對各部門人員離退情況進行分析，並對離退人數進行預測。
> 3.人力資源部根據各部門的人員離退情況及各部門的工作任務量等，確定各部門的人員需求。
> 4.人員資源部應編制「人員需求報告」，並將其報總經理審批。
> 第8條 編制人員需求計劃。
> 1.「人員需求報告」經公司總經理審批通過後，人力資源部根據分析報告及各用人部門的意見或建議編制「人員需求計劃」。
> 2.計劃中應說明人員需求的性別要求、年齡要求、專業要求、工作經驗要求、技能要求、需求編制崗位及人數、預計到崗時間等。
> 第9條 本制度由人力資源部負責制訂和修改。
> 第10條 本制度由公司總經理審批通過後執行。

編制日期		審核日期		批准日期	
修改標記		修改處數		修改日期	

2.4.4 人力資源規劃管理制度設計

人力資源規劃管理制度設計如表 2-6 所示：

表 2-6 人力資源規劃管理制度設計

制度名稱	人力資源規劃管理制度	編　　號	
執行部門		監督部門		編修部門	

> 第一章　總則
> 第1條 目的。
> 為了規範公司的人力資源規劃工作，根據公司發展環境，運用科學合理的方法，有效進行人力資源預測、投資和控制，並在此基礎上制訂崗位編制、人員配置、教育培訓、薪資分配、職業發展、人力資源投資等方面的全局性計劃，以確保公司策略發展目標的實現。

2.4 人力資源規劃制度

表2-6（續）

第2條 適用範圍。

本制度適用於人力資源規劃的相關事宜，包括人力資源規劃環境分析、人力資源需求預測、人力資源供給預測、人力資源供需平衡決策等內容。

第3條 職責分工。

人力資源部是公司人力資源規劃的歸口管理部門，其他職能部門具體負責本部門的人力資源規劃工作。具體工作職責如下表所示：

人力資源規劃管理中各部門職責說明表

部門	部門職責
公司總經理	負責人力資源規畫工作的總體指導、監督、決策
人力資源部	1.負責制定、修改人力資源規劃制度 2.負責人力資源規劃的總體編制工作 3.負責公司人力資源規畫所需數據的收集和確認 4.負責開發人力資源規劃工具和方法，並對公司各部門提供人力資源規劃指導 5.編制「公司年度人力資源規劃書」報各部門負責人審核、總裁審批
各職能部門	1.需向人力資源規劃專員提供真實詳細的歷史和預測數據 2.及時配合人力資源部完成本部門人員需求的申報工作

第二章 人力資源規劃要點

第4條 人力規劃原則。

人力資源部制定人力資源規劃時需遵循四點原則。具體如下表所示：

人力規畫需遵循原則說明表

原則	原則說明
動態原則	1.人力資源規劃應根據公司內外部環境的變化而經常調整 2.人力資源規劃具體執行中的靈活性 3.人力資源具體規劃措施的靈活性及規劃操作的動態監控
適應原則	1.適應內外部環境：人力資源規劃應充分考慮公司內外部環境因素以及這些因素的變化趨勢 2.適應策略目標：人力資源規劃應當同公司的策略發展目標相適應，確保二者相互協調

49

表2-6(續)

保障原則	1.人力資源規劃工作應有效保證公司人力資源的供給 2.人力資源規劃應能夠保證公司和員工共同發展
系統原則	人力規劃要反映出人力資源的結構，使各類不同人才恰當地結合起來，優勢互補，實現組織的系統性功能

第5條 人力資源規劃內容。

人力資源規劃工作的主要內容包括以下九個方面。具體如下表所示：

人力資源規劃工作內容

規劃項目	主要內容
總體規劃	人力資源管理的總體目標和配套政策
配備計劃	中、長期內不同職務、部門或工作類型的人員的分布狀況
補充計劃	需補充人員的崗位、補充人員的數量、對人員的要求
使用計劃	人員晉升政策、晉升時間和輪換工作的崗位情況、人員情況、輪換時間
職業計劃	骨幹人員的使用和培養方案
培訓開發計劃	培訓對象、目的、內容、時間、地點、講師等
績效與薪酬福利計劃	個人及部門的績效標準、衡量方法、薪酬結構、工資總額、工資關係、福利以及績效與薪酬的對應關係等
離職計劃	因各種原因離職的人員及其所在崗位情況
勞動關係計劃	減少和預防勞動爭議、改進勞動關係的目標和措施

第三章　人力資源規劃程序

第6條 企業人力資源規劃的環境分析。

1.公司人力資源部正式制定人力規劃前，必須向各職能部門索要各類數據，人力規劃專員負責從索要的數據中提煉出所有與人力規劃有關的數據訊息，並且整理編報，為有效的人力規劃提供基本數據。人力規劃需向各職

表2-6(續)

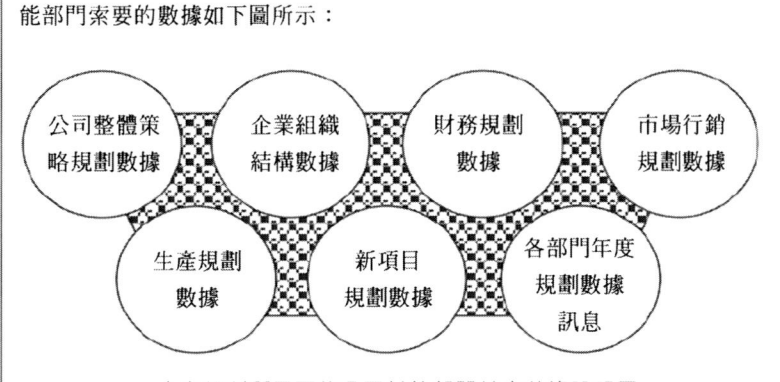

能部門索要的數據如下圖所示：

```
  公司整體策    企業組織    財務規劃    市場行銷
  略規劃數據    結構數據    數據        規劃數據

        生產規劃    新項目      各部門年度
        數據        規劃數據    規劃數據
                                訊息
```

人力規劃所需要的公司其他部門基本數據說明圖

2.除了收集公司其他部門的相關人力規劃數據外，人力規劃專員還需對本部門的相關規畫數據資料進行整理和匯總。具體資料如下圖所示：

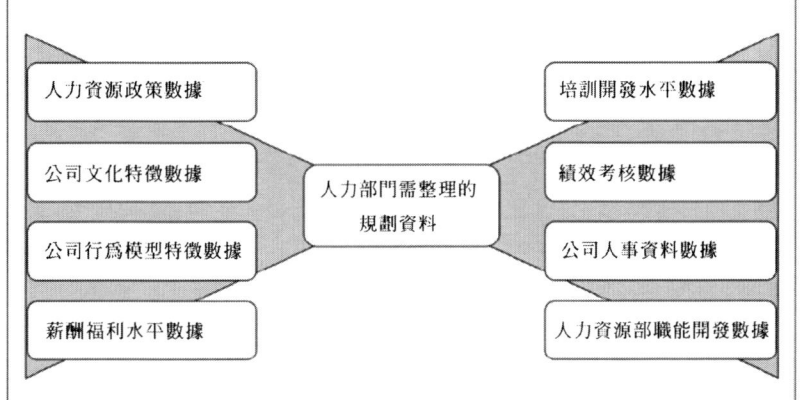

```
人力資源政策數據                    培訓開發水平數據

公司文化特徵數據    人力部門需整理的    績效考核數據
                    規劃資料
公司行為模型特徵數據                  公司人事資料數據

薪酬福利水平數據                    人力資源部職能開發數據
```

人力部門需整理的規劃資料示意圖

3.人力資源部在獲取以上數據的基礎上，組織內部討論，將人力資源規劃系統劃分為環境層次、數量層次、部門層次，每一層次設定一個標準，再由這些不同的標準衍生不同的人力資源規劃活動計劃。

4.人力資源部應制訂「年度人力資源規劃工作進度計劃」，報請各職能部門負責人、人力資源部負責人、公司總經理審批後，告知公司全體人員。

表2-6(續)

5.人力資源部根據公司經營策略計劃和目標要求以及「年度人力資源規劃工作進度計劃」，下發「人力資源職能水平調查表」「各部門人力資源需求申報表」，在限定工作日內由各部門職員填寫後收回。

6.人力資源部在收集完畢所有數據之後，安排專職人員對以上數據進行描述統計分析，製作「年度人力資源規劃環境分析報告」，由人力資源部審核小組完成環境分析的審核工作。

公司人力資源環境分析審核小組成員構成：公司各部門負責人、公司人力資源部環境分析專員、人力資源部負責人。

7.人力資源部應將審核無誤的「年度人力資源規劃環境分析報告」報請公司總經理審核批准後使用。

8.在人力資源環境分析進行期間，各職能部門應該根據本部門的業務需要和實際情況，在人力資源規劃活動中及時全面地向人力資源部提交和人力資源有關的訊息數據。人力資源環境分析工作人員應該認真吸收接納各職能部門傳遞的環境訊息。

第7條 人力資源需求預測。

1.「年度人力資源規劃環境描述統計報告」經公司高級管理層批准後，由人力資源部人力資源規劃專員結合企業策略發展方向和各部門經營計劃、年度計劃，運用各種預測工具，對公司整體人力資源的需求情況進行科學的趨勢預測統計分析。

2.人力資源需求預測常用方法有以下四種：

(1)管理人員判斷法，即公司各級管理人員根據自己的經驗和直覺，自下而上確定未來所需人員。即部門領導根據本部門的業務增減請況提出人員需求，上報領導並經估算平衡後，由公司領導層進行決策。該方法主要適用於短期預測。

(2)經驗預測法，即根據以往的經驗對人力資源需求進行預測。根據企業的生產經營計劃及勞動定額或每個人的生產能力、銷售能力、管理能力等進行預測。由於不同人的經驗會有差別，不同新員工的能力也有差別，特別是管理人員、銷售人員，在能力、業績上的差別更大。所以，若採用這種方法預測人員需求時，要注意經驗的積累和預測的準確度。

表2-6(續)

(3)德爾菲法又稱專家規定程序調查法,即使專家們對影響組織某一領域發展(如組織將來對勞動力的需求)達成一致意見的結構化方法。它是由人力資源部作為中間人,將第一輪預測中專家們各自單純提出的意見集中起來並加以歸納後回饋給他們,然後重複這一循環,使專家們有機會修改他們的預測並說明修改的原因。一般情況下重複3~5次之後,專家們的意見即**趨**於一致。

這裡所說的專家,可以是來自一線的管理人員,也可以是高層經理,既可以是企業內部人員,也可以是外部人員。專家的選擇基於他們對影響企業的內部因素的了解程度。為了使該方法更有效、更準確,應掌握下表所示技巧:

德爾菲法使用技巧說明表

主要技巧	技巧說明
技巧1	◎要給專家提供相關的歷史資料以及有關的統計分析結果,以便其準確做出判斷。例如人員安排情況和生產**趨勢**的資料
技巧2	◎允許專家粗估數字,不要求特別精確,但要讓他們說明預測數字的可信度
技巧3	◎使過程盡可能簡化,特別是不要詢問那些與預測無關的問題
技巧4	◎對人員的分類和定義、職務名稱、部門名稱要統一,要保證所有專家能從同一角度理解這些分類和定義
技巧5	◎要獲得高層管理人員和專家對德爾菲法的支持

(4)**趨勢**分析法。這種定量分析方法的基本思路是:確定組織中哪一種因素與勞動力數量和結構的關係最密切,然後找出這一因素隨聘用人數而變化的**趨勢**,由此推斷未來的人力資源需求。

3.人力資源需求預測的步驟,如下圖所示。

表2-6(續)

```
根據職務分析的結果，確定職務編制和人員配置
         ↓
統計出人員的缺編、超編以及是否符合職務資格要求
         ↓
將統計結論在部門內討論並修正，得出現實人力資源需求
         ↓
根據企業發展規劃，確定各部門的工作量
         ↓
根據工作量增長情況確定各部門還需增加的職務及人數
         ↓
匯總統計得出未來人力資源需求
         ↓
對預測期內退休的人員進行統計，預測未來離職情況
         ↓
統計各項需求預測結果，得出整體人力資源需求預測
```

人力資源需求預測步驟

4.人力資源部人力資源規劃人員對公司人力資源情況進行**趨勢**預測統計分析之後，製作「年度人力資源需求**趨勢**預測報告」，並報請公司總經理審核、批准。

第8條 人力資源供給預測。

1.人力資源供給預測的主要內容有以下兩點：

(1)內部人員擁有量預測，即根據現有人力資源及其未來變動情況，預測出規劃期各時間點的人員擁有量。

(2)外部供給量預測，即確定在規畫期內各時間點上可以從企業外部獲得的各類人員的數量。由於外部人力資源的供給存在較高的不確定性，所以外部供給量的預測應側重於關鍵人員，如各類高級人員、技術骨幹人員等。

2.人力資源供給預測的步驟如下圖所示。

表2-6(續)

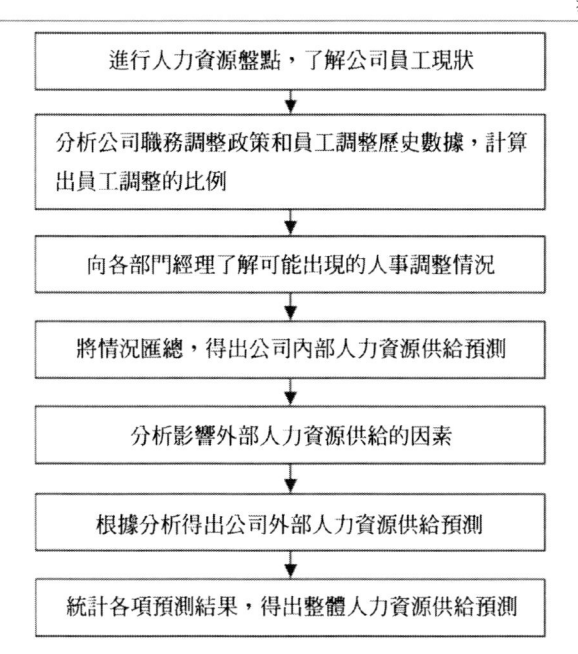

```
進行人力資源盤點,了解公司員工現狀
            ↓
分析公司職務調整政策和員工調整歷史數據,計算
出員工調整的比例
            ↓
向各部門經理了解可能出現的人事調整情況
            ↓
將情況匯總,得出公司內部人力資源供給預測
            ↓
分析影響外部人力資源供給的因素
            ↓
根據分析得出公司外部人力資源供給預測
            ↓
統計各項預測結果,得出整體人力資源供給預測
```

人力資源供給預測步驟

3.人力資源部人力資源規劃專員對公司人力資源情況進行**趨勢**預測統計分析之後,製作「年度人力資源供給**趨勢**預測報告」,並上報公司領導審核、批准。

第9條　人力資源供需平衡決策。

人力資源部負責人審核批准「年度人力資源規劃需求**趨勢**預測報告」以及「人力資源規劃供給**趨勢**預測報告」之後,由公司人力資源部組建「人力資源規劃供需平衡決策工作組」。該工作組成員由公司高層、各職能部門負責人、人力資源部人員等構成。

第10條　人力資源各項計劃的討論和確定。

1.人力資源部在完成公司「人力資源規劃供需平衡決策工作組」的工作之後,指定專門人員完成會議決策訊息整理工作,並且制訂「年度人力資源規劃書制定時間安排計劃」。

2.人力資源部召開制定人力資源規劃的專項工作會議。

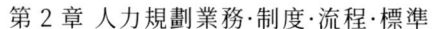

表2-6(續)

第11條 編制人力資源規劃書並組織實施。

　　1.人力資源部指派專人匯總全部人力資源規劃具體項目計劃，編制「年度人力資源規劃書」，經人力資源部全體職員核對後，報公司各職能部門負責人審議評定，由公司人力資源部負責人審核通過後，報請公司總經理批准。

　　2.人力資源部負責組織實施「公司年度人力資源規劃書」內部職員溝通活動，保障全體職員知曉人力資源規劃的內容，以保障人力資源規劃的順利實施。

第12條 人力資源規劃工作評估。

　　成功的人力資源規劃可以在一個較長時期內使公司人力資源狀況始終與經營需求基本保持一致。定期與非定期的人力資源規劃工作評估，能引起公司高層領導重視，使有關政策和措施得以改進和落實，有利於調動員工積極性，提高人力資源管理工作的效益。其評估可以從以下三個方面進行：

　　1.管理層是否可以在人力資源費用變得難以控制之前，採取措施來防止各種失調，並由此減少公司人工成本。

　　2.公司是否可以有充裕的時間來發現人才。因為好的人力資源規劃，可以在公司實際雇用員工前就已經預計或確定了各種人員的需求。

　　3.管理層的培訓工作是否可以得到更好的規劃。

第四章　附則

第13條 本管理制度由人力資源部負責制定並解釋。

第14條 本管理制度自發布之日起執行。

編制日期		審核日期		批准日期	
修改標記		修改處數		修改日期	

第 3 章 人員招聘業務·流程·標準·制度

3.1 人員招聘業務模型

3.1.1 人員招聘業務工作心智圖

人員招聘是企業按時尋找、吸引符合要求的人才到本企業任職的過程，人員招聘包括內部招聘和外部招聘兩種。人員招聘管理的工作業務包括招聘組織、招聘外包管理、招聘費用管理、招聘評估管理、儲備人才管理等內容，具體的業務工作心智圖如圖 3-1 所示：

工作內容	內容說明	相關審核人員
組織招聘	●根據企業策略發展規劃等開展各項招聘工作，包括制訂招聘計劃與實施方案、選擇招聘管道、發布招聘廣告等內容	★人力資源部經理進行審核 ★公司總經理進行審批
招聘外包管理	●根據招聘人才的性質及企業資源等進行決策，工作內容包括外包機構選擇、外包實施與評估等	★人力資源部經理進行審核 ★公司總經理進行審批
招聘費用管理	●根據招聘人才的類型、人數、方式、管道等編制具體的招聘預算，並嚴格執行預算	★人力資源部經理、財務部進行審核 ★總經理進行審批
招聘評估管理	●企業招聘工作結束後，對招聘工作進行評價 ●評價內容包括招聘結果、招聘方法、招聘成本等	★招聘主管進行審核 ★人力資源部經理進行審批
儲備人才管理	●整理應聘人員簡歷，建立企業人才訊息庫 ●按時對企業人才訊息庫進行更新和維護	★招聘專員進行審核 ★招聘主管進行審批

圖 3-1 人員招聘業務工作心智圖

3.1.2 人員招聘主要工作職責

企業人員招聘工作主要由人力資源部負責，而用人部門需要在人力資源部的協助和指引下，配合完成本部門人員招聘需求確定、職位職責說明、任職資格確定等工作。此外，人力資源部還應做好與招聘外包機構的溝通、合

作事宜,以保證招聘任務順利完成。人力資源部在人員招聘管理工作方面的主要職責說明如表 3-1 所示:

表 3-1 人員招聘管理工作職責說明表

工作職責	職責具體說明
招聘制度管理	1.根據企業管理制度編制企業招聘管理的各項制度及流程,報總經理審批後執行 2.根據企業發展的實際情況,適時對招聘制度及流程進行修訂、完善
招聘計劃管理	1.根據企業年度發展規劃等對企業人力資源狀況進行評估,根據評估結果制訂招聘計劃,並將其報總經理審批 2.監督招聘計劃的有效執行,以便取得良好的招聘效果
招聘管道管理	1.對企業招聘管道進行評估分析,根據不同崗位的不同要求選擇合適的招聘管道,並對各類招聘管道進行有效維護 2.根據本期招聘崗位的特點及招聘費用預算,選擇合理、有效的招聘管道
招聘實施管理	1.按照招聘計劃組織開展招聘工作,發布招聘訊息,組織安排相關人員進行簡歷甄別、篩選、聘前測試及初試工作 2.用人部門應協助人力資源部按照工作流程對初試合格人員進行筆試、面試、複試及其他相關測試,並根據測評結果,作出錄用決策 3.跟蹤錄用員工的試用狀況,試用結束並達到企業要求者,通知期辦理轉正手續
招聘評估管理	1.對招聘工作及招聘人員進行評估,主要評估錄用人員的績效、實際能力、工作潛力、評估招聘工作的工作效果等 2.總結招聘工作過程中存在的問題,提出優化招聘管理的合理化建議,完成招聘評估報告
招聘外包管理	1.根據服務質量、能力、價格水平等方面因素,對招聘外包服務機構進行考評,選擇合適的招聘外包服務機構 2.做好招聘任務交付工作,與招聘外包服務機構明確招聘外包範圍、內容及相關事項等,提供相關招聘訊息,督促其按時完成招聘任務 3.在招聘過程中與招聘外包服務機構緊密溝通,並針對招聘要求達成共識,協助解決相關問題,共同提升招聘效果

表3-1(續)

招聘預算管理	1.制定招聘費用預算等，並確保各項招聘費用在預算範圍內 2.對招聘成本與效益進行分析，核算招聘成本，明確招聘預算分配情況，以降低招聘費用，節省開支
儲備人才管理	1.收集、整理應聘人員的簡歷訊息，並建立企業人才檔案資料庫，做好企業後備人才的資料管理，為企業未來發展儲備人才 2.及時更新企業人才訊息資料，並做好資料的保存與保密工作
溝通協調工作	1.協助用人部門做好新員工入職培訓工作，確保企業新人能盡快滿足崗位工作要求 2.服從總經理的工作指令，定期向總經理匯報人才招聘計劃及實施情況

3.2 人員招聘管理流程

3.2.1 主要流程設計心智圖

人力資源部設計人員招聘管理的主要流程，可以明確招聘工作的責任主體，規範招聘工作程序，完善招聘管理工作。人力資源部在具體設計招聘工作流程時，可以根據招聘工作的邏輯順序，在招聘費用、招聘渠道、招聘實施、招聘外包等方面進行設計，具體可設計以下流程，如圖 3-2 所示：

- 招聘費用：招聘費用預算流程、招聘費用控制管理流程
- 招聘管道：招聘管道選擇流程、內部競聘管理流程、校園招聘管理流程、獵頭招聘管理流程、網路招聘管理流程
- 招聘實施：招聘計劃管理流程、招聘實施控制流程、招聘評估總結流程
- 招聘外包：招聘外包流程、外包機構選擇流程

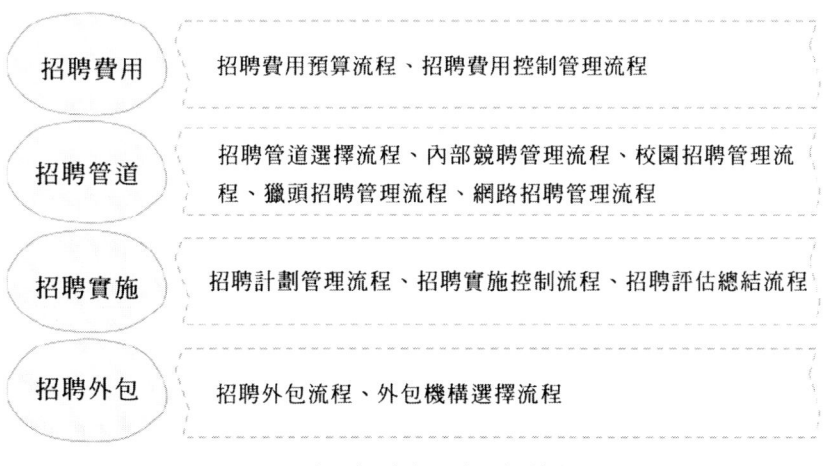

圖 3-2 人員招聘主要流程設計心智圖

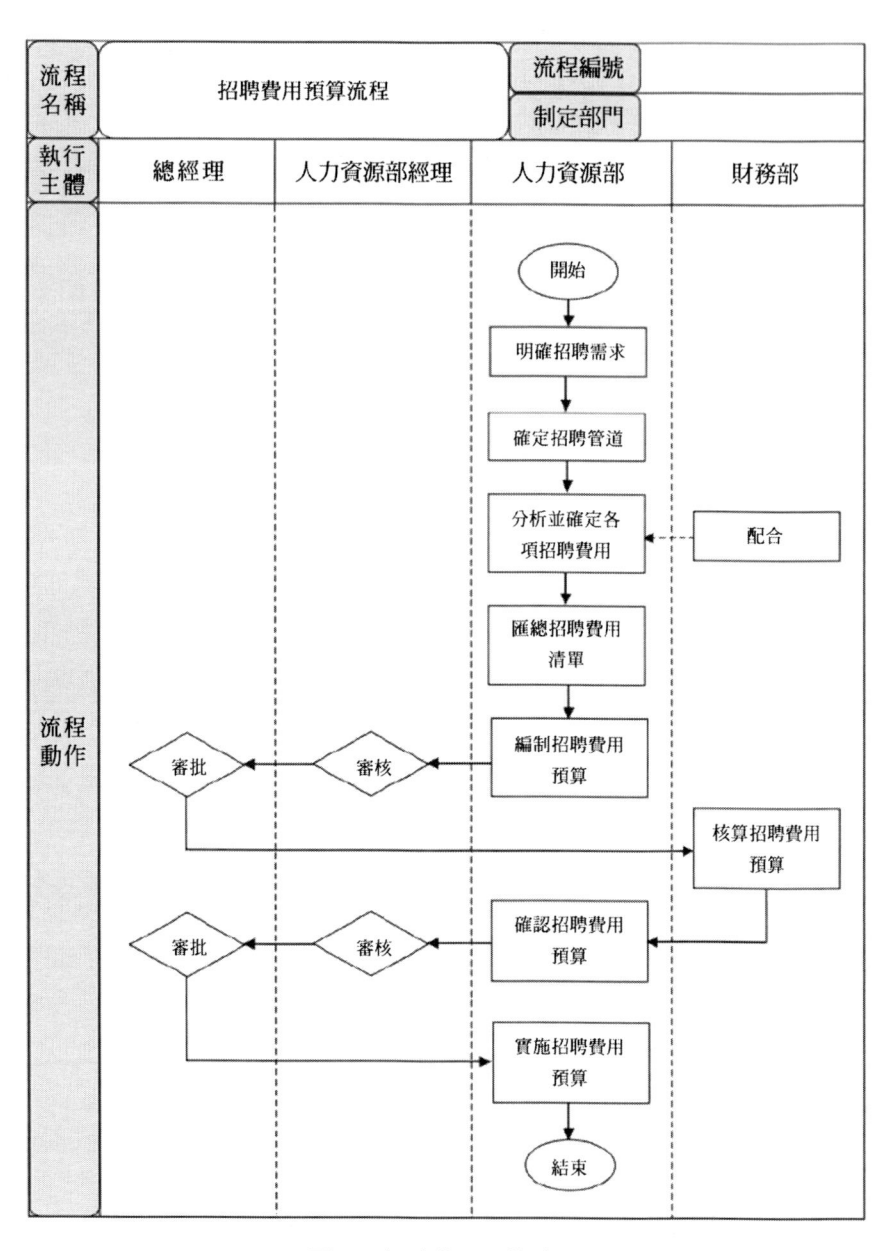

3.2.2 招聘費用預算流程

招聘費用預算流程如圖 3-3 所示：

流程名稱	招聘費用預算流程		流程編號	
			制定部門	
執行主體	總經理	人力資源部經理	人力資源部	財務部
流程動作	審批 ←	審核 ←	開始 → 明確招聘需求 → 確定招聘管道 → 分析並確定各項招聘費用 → 匯總招聘費用清單 → 編制招聘費用預算 → 確認招聘費用預算 → 實施招聘費用預算 → 結束	配合 ← 核算招聘費用預算
	審批 ←	審核 ←		

圖 3-3 招聘費用預算流程

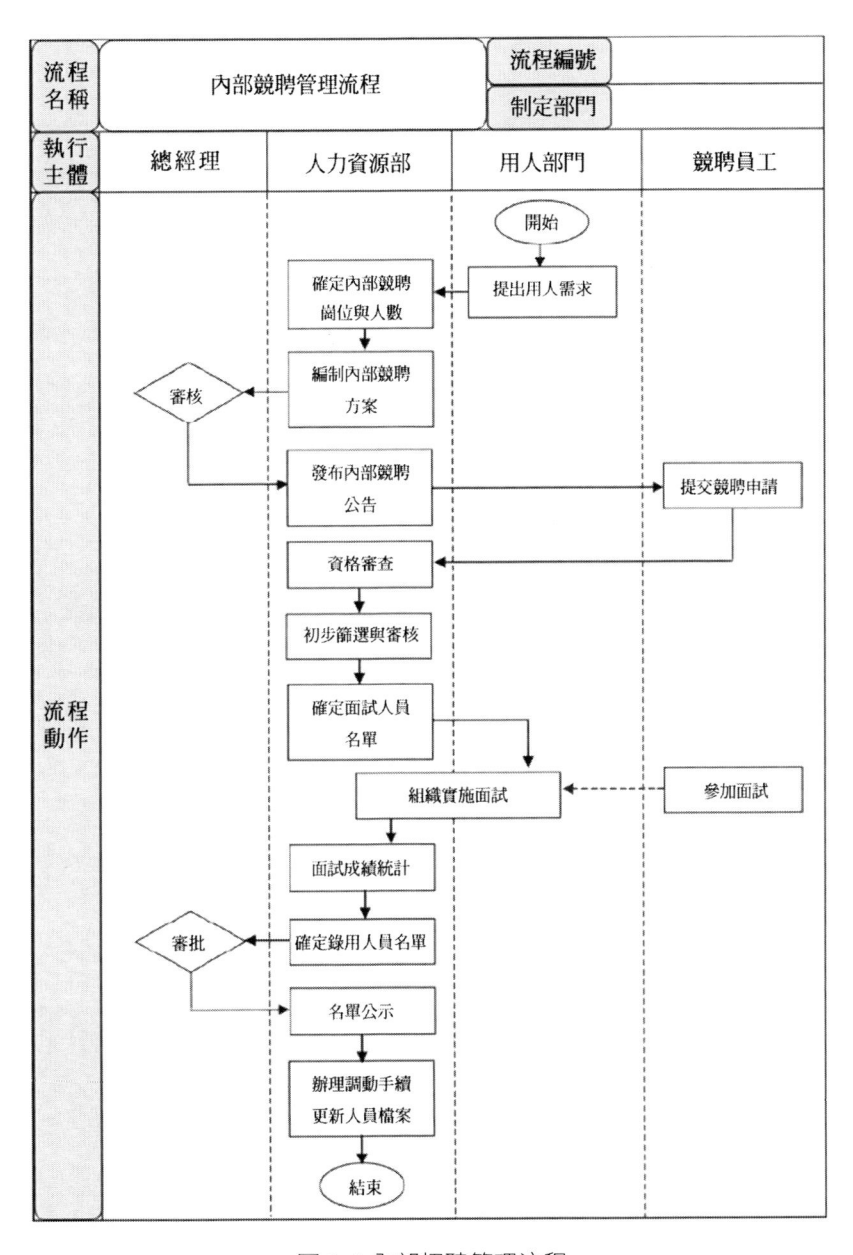

3.2.3 內部招聘管理流程

內部招聘管理流程如圖 3-4 所示：

圖 3-4 內部招聘管理流程

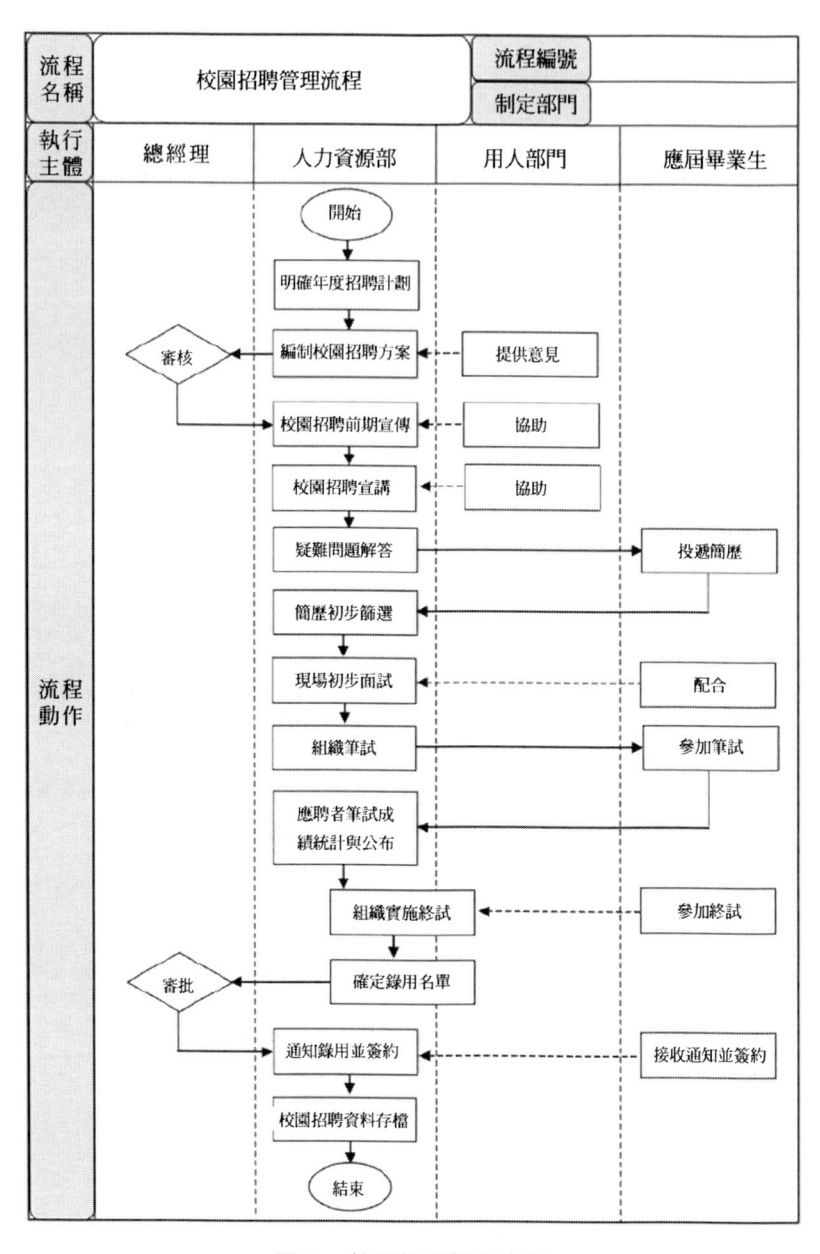

3.2.4 校園招聘管理流程

校園招聘管理流程如圖 3-5 所示：

流程名稱	校園招聘管理流程	流程編號	
		制定部門	
執行主體	總經理	人力資源部	用人部門	應屆畢業生

流程動作：

- 開始
- 明確年度招聘計劃
- 編制校園招聘方案 ← 提供意見（用人部門）；審核（總經理）
- 校園招聘前期宣傳 ← 協助
- 校園招聘宣講 ← 協助
- 疑難問題解答 → 投遞簡歷
- 簡歷初步篩選
- 現場初步面試 ← 配合
- 組織筆試 → 參加筆試
- 應聘者筆試成績統計與公布
- 組織實施終試 → 參加終試
- 確定錄用名單（審批：總經理）
- 通知錄用並簽約 → 接收通知並簽約
- 校園招聘資料存檔
- 結束

圖 3-5 校園招聘管理流程

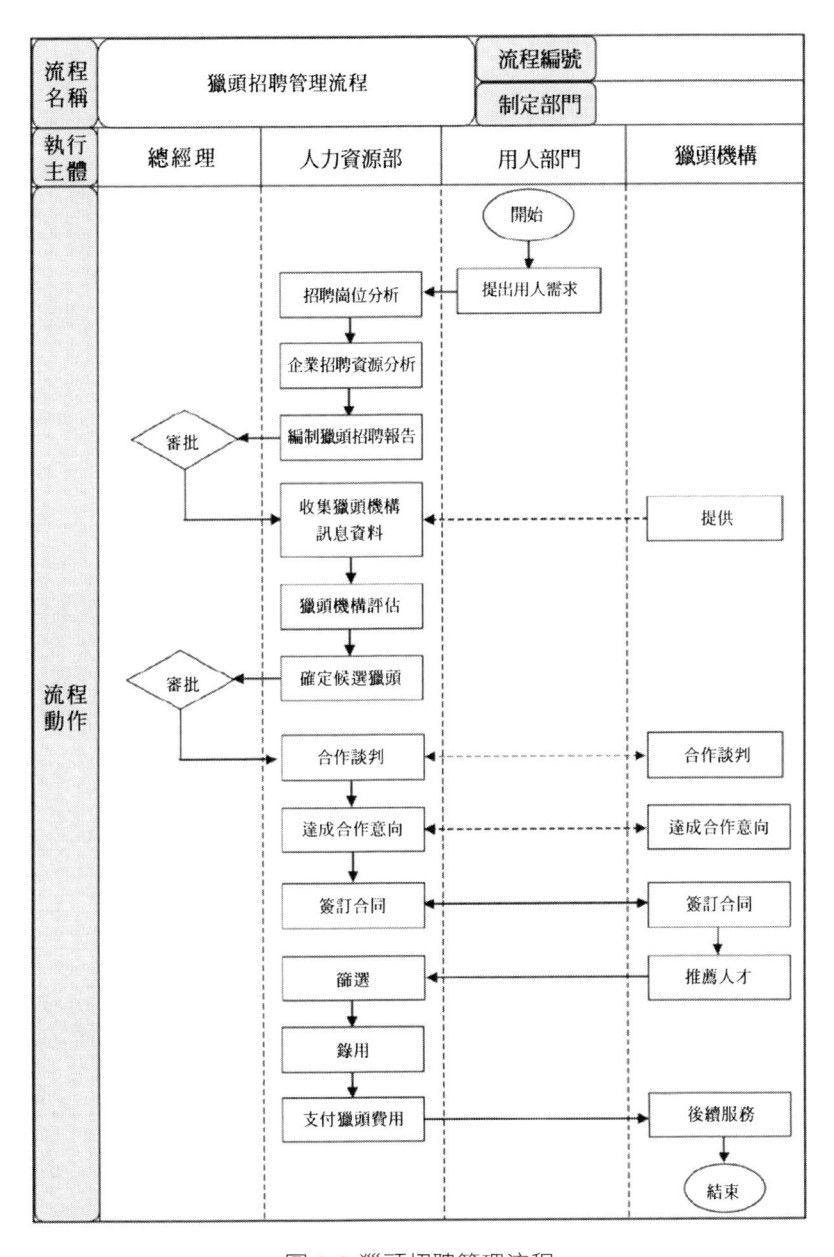

3.2.5 獵頭招聘管理流程

獵頭招聘管理流程如圖 3-6 所示：

流程名稱	獵頭招聘管理流程		流程編號	
			制定部門	
執行主體	總經理	人力資源部	用人部門	獵頭機構
流程動作	審批；審批	開始→提出用人需求→招聘崗位分析→企業招聘資源分析→編制獵頭招聘報告→收集獵頭機構訊息資料→獵頭機構評估→確定候選獵頭→合作談判→達成合作意向→簽訂合同→篩選→錄用→支付獵頭費用		提供；合作談判；達成合作意向；簽訂合同；推薦人才；後續服務→結束

圖 3-6 獵頭招聘管理流程

3.3 人員招聘管理標準

3.3.1 人力招聘管理業務工作標準

人員招聘管理業務標準對工作依據、工作成果等有明確的規定，可規範員工工作行為。人員招聘管理業務工作標準可在招聘計劃的編制與執行，招聘渠道開發、選擇與維護，招聘實施，招聘工作評估，招聘外包管理，招聘預算編制與控制，溝通協調管理七個方面進行設計，具體如表 3-2 所示：

表 3-2 人力招聘管理業務工作標準

工作事項	工作依據與規範	工作成果或目標
招聘計劃編制與執行	◆招聘計劃編制管理制度、招聘方案制訂管理規範、人力資源規劃、人員需求計劃等	(1)招聘計劃編制及時率達100% (2)招聘計劃完成率達100%
招聘管道開發、選擇與維護	◆招聘管道開發管理制度、招聘管道維護管理規範、招聘崗位、現有招聘管道等	(1)選擇的招聘管道適合招聘崗位，能夠降低招聘成本 (2)管道開發成功率達100% (3)招聘管道維護率達100%
招聘實施	◆招聘現場控制管理制度、員工內部競聘管理制度、網路招聘管理制度、招聘實施管理流程等	(1)招聘現場秩序良好 (2)招聘人才適崗率達__%
招聘工作評估	◆招聘評估管理制度、招聘評估管理流程、招聘工作評估標準、招聘成本費用、招聘方法等	(1)評估報告提交及時率100% (2)評估標準執行率達100%
招聘外包管理	◆招聘外包管理制度、招聘外包管理流程、外包機構評價管理制度、外包崗位要求等	(1)外包任務完成率達100% (2)招聘外包滿意度評分達__分

表 3−2（續）

招聘預算編制與控制	◆招聘預算管理制度、招聘費用核算管理制度、招聘費用報銷審核管理制度等	(1)招聘預算編制及時率達100% (2)招聘費用降低率達__%
溝通協調工作	◆部門協作溝通管理辦法、招聘溝通管理制度、招聘工作分工、招聘計劃安排等	(1)招聘協作滿意度評分達__分 (2)招聘溝通及時率達100%

3.3.2 人力招聘管理業務績效標準

人力招聘管理業務的績效標準可在招聘計劃、招聘渠道、招聘實施與評估、招聘費用預算四個角度進行設計，具體評估指標與標準如表 3-3 所示：

表 3-3 人力招聘管理業務績效標準

工作事項	評估指標	評估標準
招聘計劃	招聘計劃提交及時率	1.招聘計劃提交及時率 = $\frac{及時提交的招聘計劃數}{提交的招聘計劃總數} \times 100\%$ 2.招聘計劃提交及時率應達到__%，每降低__個百分點，扣__分；低於__%，本項不得分
	招聘計劃完成率	1.招聘計劃完成率 = $\frac{實際招聘人數}{計劃招聘人數}$ 2.招聘計劃完成率應達到__%，每降低__個百分點，扣__分；低於__%，本項不得分
招聘管道	招聘管道維護率	1.招聘管道維護率 = $\frac{招聘管道維護的數量}{招聘管道的總數量} \times 100\%$ 2.招聘管道維護率應達到__%，每降低__個百分點，扣__分；低於__%，本項不得分
招聘實施	應聘比	1.應聘比 = $\frac{應聘人數}{計劃招聘人數} \times 100\%$ 2.應聘比應達到__%，每降低__個百分點，扣__分；低於__%，本項不得分

表3-3(續)

	招聘人員適崗率	1.招聘人員適崗率＝$\dfrac{招聘人員試用期考核通過數}{招聘錄用人員總數}\times 100\%$ 2.招聘人員適崗率應達到__%，每降低__個百分點，扣__分；低於__%，本項不得分
招聘評估	招聘空缺職位的平均時間	1.招聘空缺職位的平均時間是指所有空缺職位招聘工作完成的平均時間＝ 2.招聘空缺職位的平均時間應不超過__天，每增加__天，扣__分；高於__天，本項不得分
	招聘評估報告提交及時率	1.招聘評估報告提交及時率＝$\dfrac{及時提交報告數}{需提交報告總數}$ 2.招聘評估報告提交及時率應達到__%，每降低__個百分點，扣__分；低於__%，本項不得分
	招聘工作滿意度	1.用人部門從招聘分析的有效性、訊息反饋的及時性、提供人員的適崗程度等方面對招聘工作進行綜合評分 2.招聘工作滿意度評分達到__分，每降低__分，扣__分；低於__分，本項不得分
招聘費用預算	招聘成本降低率	1.招聘成本降低率＝$\dfrac{預算額-招聘費用實際發生金額}{預算額}\times 100\%$ 2.招聘成本降低率應達到__%，每降低__個百分點，扣__分；低於__分，本項不得分
	招聘預算執行情況	1.各項招聘費用控制在預算範圍內 2.考核期內，無招聘費用超支現象，每發生一次，扣__分，扣完為止
	招聘費用控制率	1.招聘費用控制率＝$\dfrac{招聘費用實際發生額}{招聘費用預算額}\times 100\%$ 2.招聘費用控制率應低於__%，每增加__個百分點，扣__分；高於__分，本項不得分

3.4 人員招聘管理制度

3.4.1 制度解決問題心智圖

企業設計人員招聘管理制度，可以解決招聘費用預算及各招聘渠道管理中的問題，具體解決問題心智圖如圖 3-7 所示：

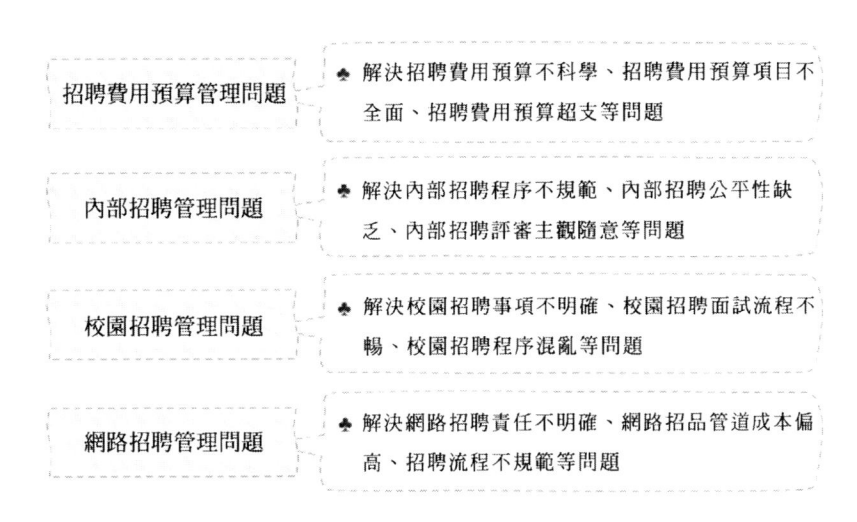

招聘費用預算管理問題	♣ 解決招聘費用預算不科學、招聘費用預算項目不全面、招聘費用預算超支等問題
內部招聘管理問題	♣ 解決內部招聘程序不規範、內部招聘公平性缺乏、內部招聘評審主觀隨意等問題
校園招聘管理問題	♣ 解決校園招聘事項不明確、校園招聘面試流程不暢、校園招聘程序混亂等問題
網路招聘管理問題	♣ 解決網路招聘責任不明確、網路招品管道成本偏高、招聘流程不規範等問題

圖 3-7 人員招聘管理制度解決問題心智圖

3.4.2 招聘費用預算管理制度

招聘費用預算管理制度如表 3-4 所示：

表 3-4 招聘費用預算管理制度

制度名稱	招聘費用預算管理制度		編　　號	
執行部門		監督部門	編修部門	
第一章　總則				
第1條　目的。 為有效控制人員招聘費用，減少人力資源成本開支，提高招聘效率，保				

表3-4(續)

證招聘效果，特制定本制度。

第2條 適用範圍。

本制度適用於本公司人才招聘費用預算的編制、執行、調整工作。

第3條 職責分工。

1.公司總經理負責對招聘費用預算進行審批，並作出最終決策。

2.公司人力資源部負責招聘費用的預算管理工作，包括預算編制、預算執行、預算調整等。

3.公司財務部負責對人力資源部提交的招聘費用預算進行審核。

第4條 術語解釋。

招聘費用預算是指公司在招聘過程中對於未來的一定時期內產生的招聘支出的計劃。

第二章 招聘費用預算編制

第5條 預算編制時間。

人力資源主管應於每年12月25日前，編制年度費用預算，於每月__日前，預計當月的費用情況，報人力資源部經理、財務部、總經理審批後存檔、備案。

第6條 預算編制依據。

人力資源主管應依據以下內容編制本公司招聘費用預算：

1.公司人員招聘規劃。

2.公司人力資源費用預算總額。

3.上一年度招聘費用支出情況。

第7條 預算編制內容。

本公司招聘費用預算的內容一般包括七項。具體如下表所示：

招聘費用預算項目一覽表

預算項目	詳細說明
廣告費	用於網路、專業雜誌、報紙上發布招聘廣告的媒體廣告費用
仲介機構服務費	用於支付人才招聘中給予招聘仲介機構的佣金

3.4 人員招聘管理制度

表3-4(續)

會務(場租)費	用於支付人才招聘會招聘展台的費用
資料費	用於支付招聘材料的印刷、製作、採購的費用
推薦費	用於支付人才推薦者的佣金的費用
公關費	用於支付招聘活動發生的公關費用
其他費用	用於支付招聘活動發生的差旅、餐飲、食宿的費用

第8條 預算編制程序。

1.公司各用人部門根據本部門的實際發展需要確定本部門的人員需求。

2.人力資源招聘主管根據人員需求數量、層次、崗位等，確定合適的招聘方式，並根據上一年度實際招聘支出情況對各招聘方式的費用進行分析與統計。

3.人力資源招聘主管應根據招聘方式、需招聘人員特點等，對資料費、公關費及其他各項費用進行預測。

4.人力資源招聘主管根據各招聘方式的費用支出及各項費用預測等，確定年度或月度各種招聘費用總額，並編制「招聘費用預算書」。

5.人力資源招聘主管應將編制的「招聘費用預算書」報人力資源部經理、財務部、總經理審核審批。

第三章 招聘費用預算執行與調整

第9條 預算執行。

1.招聘費用預算通過審批後，人力資源部應向相關用人部門說明預算訊息，嚴格按照具體預算項目開展各項人員招聘工作，並實時紀錄招聘費用支出狀況。

2.人力資源部經理應組織招聘人員按時檢查、追蹤招聘費用預算的執行情況，及時分析預算與實際支出的差距，並對預算外支出進行控制。

3.招聘預算如遇特殊情況確需增加，人力資源部經理必須提出申請，並詳細說明原因及預測今後發展趨勢，上報財務部門，由財務部審核、公司總經理審批通過後方可增加預算。

表3-4(續)

第10條 預算調整。	
當人員規劃、人員需求、客戶報價等發生重大變化時，人力資源部經理應及時根據相關變化因素度招聘費用預算進行適當調整(預算內調整由人力資源部自行負責，預算外調整須經財務部審核、公司總經理審批)。	
第四章 附則	
第11條 本制度由公司人力資源部負責擬定，其修訂權、解釋權歸人力資源部所有。	
第12條 本制度經公司總經理批准後自正式頒布之日起執行。	

編制日期		審核日期		批准日期	
修改標記		修改處數		修改日期	

3.4.3 內部招聘實施管理制度

內部招聘實施管理制度如表3-5所示：

表3-5 內部招聘實施管理制度

制度名稱	內部招聘實施管理制度	編　　號	
執行部門		監督部門		編修部門	

第一章　總則

第1條　目的。

為實現以下四項目的，特制定本制度：

1. 透過內部招聘工作發掘有潛力的員工，定向培養，建立公司人才梯隊。
2. 鼓舞員工士氣，穩定員工隊伍，提高員工工作的積極性。
3. 促使員工通過不斷學習提高自身修養，提升工作能力。
4. 及時補充空缺崗位，確保公司的正常運轉。

第2條　適用範圍。

本制度適用於內部招聘管理的相關事宜，包括發布招聘通知、招聘篩選

表3-5(續)

與審核、招聘面試管理等內容。

第3條 招聘原則。

在開展內部招聘工作時，公司應堅持以下三方面原則：

1.公正公正、因崗擇人。

2.任人唯賢、擇優錄取。

3.統一招聘、內部協調。

第二章 招聘準備

第4條 確定招聘崗位。

人力資源招聘人員依據公司發展策略和生產經營目標，確定各部門人員需求情況，並在考慮員工發展的基礎上確定招聘崗位，經人力資源部經理審核、人力資源總監審核、總經理審批後組織招聘。

第5條 確定招聘時間。

1.年度招聘於每年年末的12月__日舉行。

2.部門人員增編、補編時，招聘時間另行通知。

第6條 成立內部招聘小組。

1.由企業用人部門與人力資源部組織成內部招聘小組，進行人才的選拔、評審工作。

2.內部招聘小組的評審決議應以書面形式報總經理審批。

第三章 招聘流程

第7條 發布內部招聘通知。

內部招聘小組根據用人部門的實際需要發布內部招聘通知，內部招聘通知應至少包含招聘崗位、招聘人數、招聘時間、招聘需提交的資料、招聘崗位任職要求、招聘程序等內容。

第8條 員工填寫「內部人員崗位招聘申請表」。

符合內部招聘條件且有內部招聘意願的員工，應在內部招聘公告的規定時間內，填寫「內部人員崗位招聘申請表」，並將申請表與其他相關資料交

表3-5(續)

予內部招聘小組進行審核。

「內部人員崗位招聘申請表」的具體樣式如下表所示：

內部人員崗位招聘申請表

姓名		所屬部門		現崗位	
入職時間		學歷		專業	
畢業院校		招聘崗位		聯繫方式	
在本公司的工作情況					
職位	所屬部門	工作起始時間	工作職責描述		工作業績
參加公司培訓說明					
培訓課程		培訓起止時間		培訓考核結果	
其他					
申請該職位的原因						
在職期間的工作業績						
對應聘崗位的工作設想						
備註	1.保證所填寫訊息真實可靠，填寫完成後按照指定的日期與個人簡歷一併交到人力資源部 2.請注意職位招聘的時效性，逾期無效				

第9條 初步篩選與審核。

1.內部招聘小組對所收集到的招聘者提交的相關資料進行初步審核，明確各招聘人員是否符合崗位要求、所提供的資料和資歷證明是否真實、申請表的填寫是否符合規範等。

2.招聘人員如有意虛假填報「內部人員崗位招聘申請表」，一經查實，內部招聘小組將取消招聘人員的招聘資格。

表3-5(續)

第10條 面試。

1.經初步篩選和審核的招聘人員將進入面試考核階段。

2.招聘工作小組可透過筆試、面試、心理測試等方式對招聘者的工作經驗、工作業績、綜合素質等多方面進行評定，並填寫「內部招聘評定表」。「內部招聘評定表」如下表所示：

內部競聘評分表

姓名		目前崗位		招聘崗位	
評分項目	評分標準			權重	實際得分
工作經驗	工作經驗豐富，精通崗位相關知識和技能			___%	
工作業績	以往公司業績完全達到崗位職擇要求			___%	
綜合素質	態度積極、自信心強、有合作精神等			___%	
新崗位認知	對招聘崗位任職要求、工作職責有準確認識			___%	
自我認知	明確自身招聘優勢與劣勢，有相應改進計劃			___%	
新工作思路	對新工作有良好的承諾和清晰的工作思路			___%	
招聘工作小組意見	簽字： 日期： 年 月 日				
總經理意見	簽字： 日期： 年 月 日				

第11條 確定錄用人員名單。

1.內部招聘小組應依據招聘的面試考核成績，擇優確定擬錄用人員。

2.如遇同一職位多名招聘者得分相同的情況，依次按招聘者的原職位、學歷、管理崗位的工作年限、相關職位的工作年限等因素進行排序，擇優錄用。

第12條 公司內部公示。

1.錄用人員名單確定後，內部招聘小組應將名單交由公司總經理進行審批。審批通過後，面試招聘小組應在__日內將錄用人員名單在公司網站

表3-5(續)

或公告欄公示。						
2.招聘結果公示__天後，如公司員工對招聘結果無異議，人力資源部向錄用者發放錄用通知。						
第13條　後續工作。						
被錄用人員在收到錄用通知書__日內應做好工作交接，到人力資源部辦理調動手續，並按時到調入部門報到。						
第四章　附則						
第14條　本制度由公司人力資源部制定。						
第15條　本制度自公布之日起生效，並應根據實際情況每年修訂一次。						
編制日期		審核日期		批准日期	
修改標記		修改處數		修改日期	

3.4.4 校園招聘實施管理制度

校園招聘實施管理制度如表3-6所示：

表3-6 校園招聘實施管理制度

制度名稱	校園招聘實施管理制度	編　　號	
執行部門		監督部門		編修部門	
第1條　目的。 　　為了吸引優秀的、有潛力的、掌握專業技術的應屆畢業生加入企業人才隊伍，提高公司整體人員的綜合素質，以適應企業多元化發展的需要，特制定本制度。 　　第2條　適用範圍。 　　本制度適用於本公司通過校園宣講會進行招聘的管理。 　　第3條　術語解釋。 　　本制度所指校園招聘是指企業直接從學校招聘各類各層次應屆畢業生擔						

表3-6(續)

> 任企業內某一職務的過程。
>
> 　　第4條　招聘原則。
>
> 1.公平、公正、客觀原則。
>
> 2.統一招聘、內部協調原則。
>
> 　　第5條　招聘標準。
>
> 1.創新的思維。
>
> 2.務實的作風。
>
> 3.優秀的團隊合作精神。
>
> 4.較強的環境適應能力。
>
> 　　第6條　提出用人需求。
>
> 　公司各部門根據本部門的用人狀況向人力資源部提出校園招聘需求，並填寫「校園招聘申請表」交由人力資源部進行匯總。「校園招聘申請表」的具體樣式如下表所示：
>
> 校園招聘申請表
>
> | 用人部門 | | 用人崗位 | | 招聘人數 | |
> |---|---|---|---|---|---|
> | 申請人 | | 申請時間 | | | |
> | 校園招聘需求說明 ||||||
> | 專業要求 ||||||
> | 學歷要求 ||||||
> | 院校要求 ||||||
> | 技能要求 ||||||
> | 備註 ||||||
>
> 　　第7條　擬訂招聘計劃。
>
> 　人力資源部根據公司各部門的招聘需要、公司自身的規模、發展階段等實際情況，擬訂校園招聘計劃。校園招聘計劃應包括招聘時間、招聘院校、招聘人數及招聘人員專業要求等內容，以下為「校園招聘計劃表」，供參考。

表3-6(續)

校園招聘計劃表

學校	專業要求	學歷要求	計劃招聘人數	招聘時間
××大學	××專業	碩士		__月__日～__月__日
××大學	××專業	本科及以上		__月__日～__月__日
××大學	××專業	本科及以上		__月__日～__月__日
××大學	××專業	本科及以上		__月__日～__月__日
××大學	不限	本科及以上		__月__日～__月__日
備註				

第8條 招聘準備。

1.相關招聘資料的準備。人力資源部須準備的相關招聘資料主要包括介紹公司概況的文件、招聘宣傳資料、面試試題、人員測評工具等。

2.組建校園招聘小組。人力資源部準備好招聘資料後，應組建校園招聘小組。校園招聘小組成員一般由四部分人員組成，即公司高層領導、用人部門的主要負責人、人力資源部經理、具有校友身份的員工或了解學校情況的人員。

3.校園招聘的前期宣傳。

(1)前期宣傳包括與學校的溝通、公司招聘事宜的宣傳兩大項工作。

(2)校園招聘小組應做好與校方的協調溝通工作，並派遣專人與校方代表商定校園招聘的時間、地點以及招聘的其他事宜等。

(3)公司招聘事宜的宣傳途徑可以是通過校園網站、公司網站發布公司的招聘訊息或直接派人發放相關的資料等。

第9條 招聘實施。

1.校園宣講。根據事先安排好的時間、地點，由公司的總經理或者相關高級經理在校園招聘會的現場進行演講，演講的內容主要包括公司的發展情況、企業文化、薪資福利、用人政策、大學生在企業的發展機會、校園招聘工作的流程、時間安排等。

2.雙方的溝通與相關資料的收集。求職者根據公司前期的宣傳或通過

表3-6(續)

其他方式對公司有一個初步的了解後,結合公司招聘的要求及自身的情況,提交個人簡歷及其他相關資料給公司校園招聘小組。同時,求職者與校園招聘小組在招聘現場就招聘的相關事宜進行溝通。

3.簡歷篩選。校園招聘小組對求職者應聘資料的收集主要有兩種管道:一是校園招聘會上收集的訊息;二是求職者透過進入公司的網站,在線申請職位提供的相關資料。

校園招聘小組根據求職者的學校、專業、外語程度、電腦水平、價值取向、興趣愛好、儀態儀表,篩選應聘人數的__%進入招聘的筆試環節。

4.筆試。校園招聘小組通知初步挑選合格的人員進入校園招聘的筆試環節。筆試主要是對求職者的專業能力和綜合素質進行測試,其時間為__分鐘;測試後,根據試測成績選擇筆試人員的__%進入招聘的面試環節。

5.面試。公司的面試分為初試、複試、第三輪面試三個階段。

(1)對筆試合格的人員進行初試時,校園招聘小組應採取集體面試的方式進行,時間大約為30~45分鐘。具體說明如下圖所示:

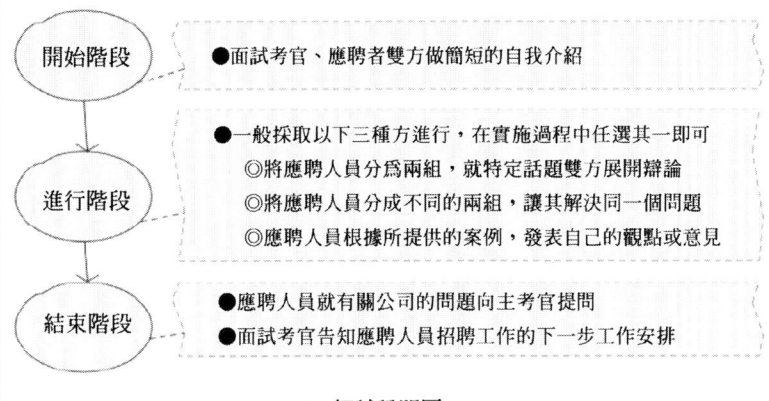

```
┌─────────┐    ●面試考官、應聘者雙方做簡短的自我介紹
│ 開始階段 │
└─────────┘
     │
     ▼
┌─────────┐    ●一般採取以下三種方進行,在實施過程中任選其一即可
│ 進行階段 │    ◎將應聘人員分為兩組,就特定話題雙方展開辯論
└─────────┘    ◎將應聘人員分成不同的兩組,讓其解決同一個問題
     │         ◎應聘人員根據所提供的案例,發表自己的觀點或意見
     ▼
┌─────────┐    ●應聘人員就有關公司的問題向主考官提問
│ 結束階段 │    ●面試考官告知應聘人員招聘工作的下一步工作安排
└─────────┘
```

初試說明圖

(2)校園招聘小組根據應聘人員在初試中的表現,經過篩選保留面試人員__%進入複試。複試主要採用結構化面試方式進行,時間為30分鐘左右。面試中的複試主要考察應聘者的求職動機、思維的邏輯性、語言表達能力、應變能力、團隊合作能力等。

(3)進入第三輪面試的人員數量大致為面試人數的__%,第三輪面試

表3-6(續)

由人力資源部經理、用人部門經理、公司主管副總負責，對應聘人員的綜合能力進行評價。						
第10條　人員錄用。						
1.校園招聘小組根據以上幾輪對應聘者的考核結果，確認錄用人選並報總經理審批。						
2.人力資源部根據審批結果及時通知被錄用的人員，並與其簽訂勞動合同。						
3.人力資源部應對未被錄用的人員表示感謝。						
第11條　本制度由公司人力資源部負責制定和修改。						
第12條　本制度經公司總經理審批通過後執行。						
編制日期		審核日期		批准日期	
修改標記		修改處數		修改日期	

3.4.5 網路招聘實施管理制度

網路招聘實施管理制度如表 3-7 所示：

表 3-7 網路招聘實施管理制度

制度名稱	網路招聘實施管理制度	編　號	
執行部門		監督部門		編修部門	

第1條　目的。
　　為進一步拓寬公司人才招聘管道，充實公司人才隊伍，提高公司整體人員的綜合素質，特制定本制度。
第2條　適用範圍。
　　本制度適用於本公司網路招聘管理工作，包括網路招聘計劃制訂及網路招聘的實施等。
第3條　術語解釋。
　　網路招聘，也被稱為電子招聘，是指通過技術手段的運用，幫助企業完成招聘的過程，即企業通過自己的網站、第三方招聘網站等機構，使用簡歷

表3-7(續)

數據庫或搜索引擎等工具來完成招聘的過程。

第4條 管理職責。

1.公司總經理負責對網路招聘工作進行全面管理和監控，並做出最終的錄用決策。

2.人力資源部負責網路招聘工作的具體事宜，包括選擇網路訊息發布管道、發布招聘訊息、篩選應聘人員簡歷、組織應聘人員面試、發布錄用通知等。

3.公司其他部門負責向人力資源部上報本部門的用人需求，協助人力資源部實施面試，確定錄用人員。

第5條 提出用人需求。

公司各部門根據本部門的實際發展需要向人力資源部提出用人需求，並說明所需人才的工作內容、工作技能要求等。

第6條 編制招聘計劃。

1.人力資源部根據各部門提出的用人需求編制網路招聘計劃，計劃中應說明網路招聘崗位、招聘人數、任職人員的專業、工作經驗、工作技能要求等內容。

2.人力資源部應將網路招聘計劃報總經理審批。

第7條 選擇招聘網站。

1.為了提高本公司網路招聘的影響力，人力資源部應選取第三方網站發布網路招聘訊息。

2.在選擇第三方網站時，人力資源部應根據企業所在地、招聘崗位的性質等，選擇合適的招聘網站。

3.人力資源部應與招聘網站洽談，簽訂合作合同。合作合同應包括合同期限、合同金額、雙方的權利和義務、違約責任等。

第8條 發布招聘訊息。

招聘訊息編制完成後，人力資源部應在各合作網站以及本公司網站發布招聘訊息，並留下公司聯繫電話及E-mail地址，便於收集應聘者的簡歷和接受應聘者的諮詢。

第9條 簡歷篩選與邀約面試。

表3-7(續)

招聘日期結束後，人力資源部應對所接收的簡歷進行篩選，確定符合企業需要的人才名單，並向入選者發送面試通知，通知其參加面試的時間地點等。

第10條 組建面試小組。

1.人力資源部負責組建面試小組。面試小組中應包含各個用人部門的人員，以便各用人部門可以更好地選擇適合本部門的人才。

2.面試小組負責選定面試試題，選擇的面試試題應既能測評應聘者的文化知識技能，又能考查應聘者的綜合能力。

第11條 實施面試。

在面試實施前，人力資源部應做好面試準備工作，並安排面試人員到達指定面試地點，並按照應聘人員到達的先後順序應聘者的面試順序。面試順序確定後，應聘者按順序參加面試。

第12條 確定錄用人員名單。

面試工作結束後，面試小組確定最終的錄用人員，並將名單呈交人力資源部。

第13條 發布錄用通知。

1.人力資源部將面試名單交公司總經理審核確認後，按名單錄用的先後順序向錄用人員發布錄用通知。錄用通知應先以電話形式通知，再以E-mail的形式進行確認。

2.在發布通知時，人力資源部應向錄用人員說明報到的具體事宜。

第14條 辦理入職手續。

錄用人員在規定時間報到的，人力資源部應為報到員工辦理入職手續，並安排錄用人員上崗。對於未按期報到者，人力資源部應取消其聘用資格。

第15條 本制度由人力資源部負責制定和修改。

第16條 本制度自公司總經理審批通過後執行。

編制日期		審核日期		批准日期	
修改標記		修改處數		修改日期	

第 4 章 面試管理業務·流程·標準·制度

4.1 面試管理業務模型

4.1.1 面試管理業務工作心智圖

　　面試是一種經過管理者精心設計，在特定場景下，透過問答、觀察、測試等方式對應聘人員的知識、能力、經驗等有關素質進行考查的過程，是企業挑選員工的重要方法。面試前人力資源部應做好面試準備，面試後應對面試工作進行總結與評估，因此，面試管理工作包括面試準備、面試實施、面試總結評估三項內容，具體的工作業務心智圖如圖 4-1 所示：

工作內容	內容說明	相關審核人員
面試準備	●根據應聘崗位特點及應聘人數特點等選擇面試場地、確定面試方法和面試流程等	★招聘主管進行審核 ★人力資源部經理進行審批
面試實施	●根據面試方法、面試流程等安排面試，並在面試實施中做好面試紀錄，為面試決策提供依據	★招聘主管進行審核 ★人力資源部經理進行全面監督
面試總結評估	●根據應聘人員的綜合表現及評估標準等，確定錄用人員，並對面試工作進行總結，提出改進面試管理的辦法	★人力資源部經理進行審核 ★總經理進行審批

圖 4-1 面試管理業務工作心智圖

4.1.2 面試管理主要工作職責

　　面試管理工作的主要責任部門是人力資源部，而用人部門負責人、分管副總及總經理等需要協助人力資源部完成應聘者的面試工作。在面試實施過程中，人力資源部應根據面試職位的等級及面試要求等，組織用人部門、分

管副總、總經理等開展面試。人力資源部在面試管理中的具體工作職責說明如表 4-1 所示。

表 4-1 面試管理工作職責說明表

工作職責	職責具體說明
面試準備	1.預先查看參加面試的應聘人員的簡歷訊息，根據人物性格特點及招聘崗位特點，編制面試提問問題提綱 2.根據參加面試人數及各崗位人數分布特點等，選擇合適的面試方法，編制面試方案，並對面試方案進行模擬演示 3.根據面試方案等，組織招聘工作人員做好面試準備，包括選擇面試場地、應聘人員分組、準備面試資料等
面試實施	1.用人部門、用人部門分管副總等協助人力資源部隊參加面試的應聘人員進行面試，根據面試提綱提問相關面試問題，了解應聘人員的基本狀態和心理素質等 2.用人部門、用人部門分管副總等協助人力資源部引導應聘人員進行情境模擬等相關測試，並根據應聘人員的表現進行評分，填寫「面試評分表」，並簽字確認
面試總結及回饋	1.協同用人部門統計評分數據，分析應聘人員的性格特徵，確認其是否能夠勝任所應聘崗位，並編製「應聘人員面試報告」，列明各崗位的候選人特點，報總經理審批 2.總結面試過程的相關問題，提出相關解決措施，並對面試效果進行評估，編寫「面試總結分析報告」，交總經理審批，審批通過後，對面試中出現的問題進行整改，以為企業招聘到合適的人才 3.對錄用人員進行跟蹤、反饋、驗證，及時發現並記錄反饋驗證的結果，分析人才測評中出現的問題，提出相應的改進措施，監督措施的實施。

4.2 人員面試管理流程

4.2.1 主要流程設計心智圖

在設計人員面試管理流程時，人力資源部可按照面試管理的工作職責，從面試準備、面試實施、面試總結評估等方面對面試管理流程進行設計。人力資源部具體可設計以下流程，如圖 4-2 所示。

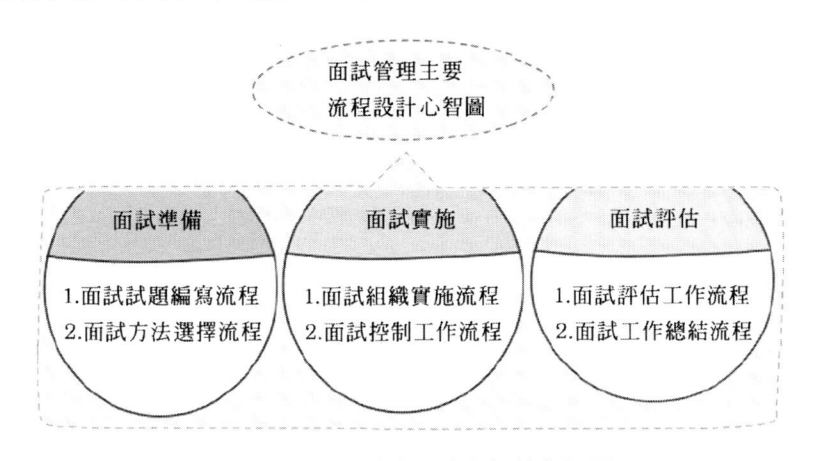

```
                    面試管理主要
                    流程設計心智圖

    ┌─────────────┬─────────────┬─────────────┐
    │  面試準備    │  面試實施    │  面試評估    │
    │1.面試試題編寫流程│1.面試組織實施流程│1.面試評估工作流程│
    │2.面試方法選擇流程│2.面試控制工作流程│2.面試工作總結流程│
    └─────────────┴─────────────┴─────────────┘
```

圖 4-2 人員面試主要流程設計心智圖

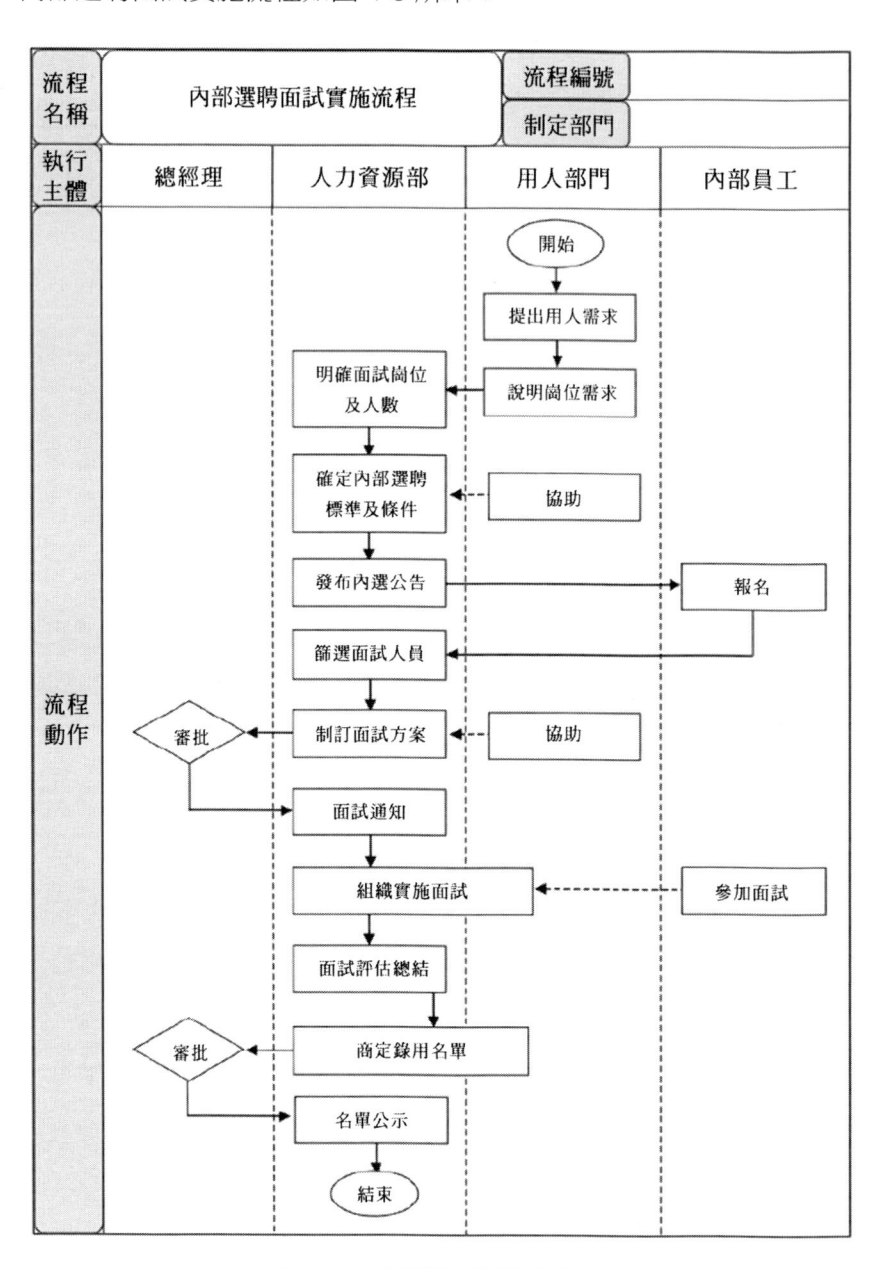

4.2.2 內部選聘面試實施流程

內部選聘面試實施流程如圖 4-3 所示:

流程名稱	內部選聘面試實施流程		流程編號	
			制定部門	
執行主體	總經理	人力資源部	用人部門	內部員工
流程動作	審批 → 審批	明確面試崗位及人數 → 確定內部選聘標準及條件 → 發布內選公告 → 篩選面試人員 → 制訂面試方案 → 面試通知 → 組織實施面試 → 面試評估總結 → 商定錄用名單 → 名單公示	開始 → 提出用人需求 → 說明崗位需求 → 協助 → 協助	報名 → 參加面試 → 結束

圖 4-3 內部選聘面試實施流程

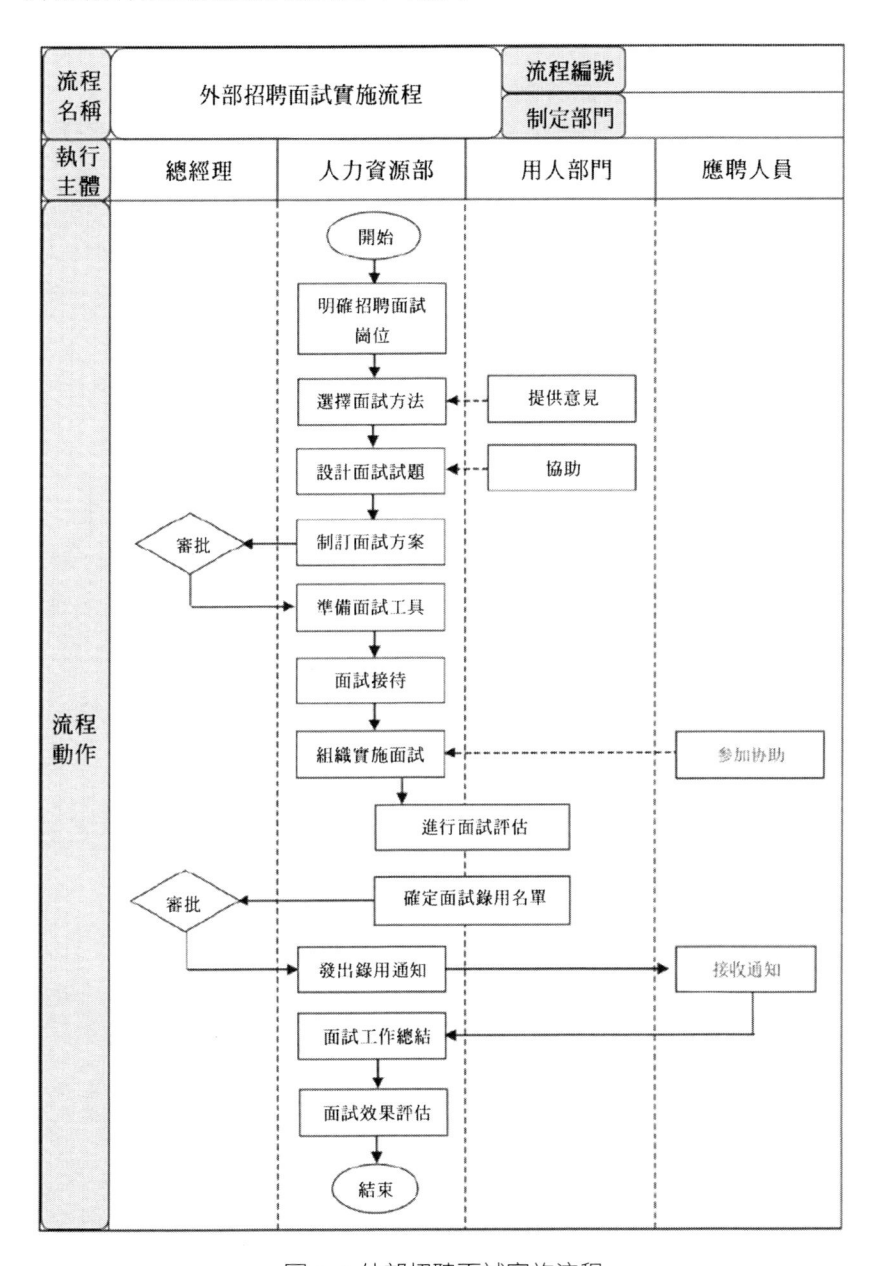

4.2.3 外部招聘面試實施流程

外部招聘面試實施流程如圖 4-4 所示：

圖 4-4 外部招聘面試實施流程

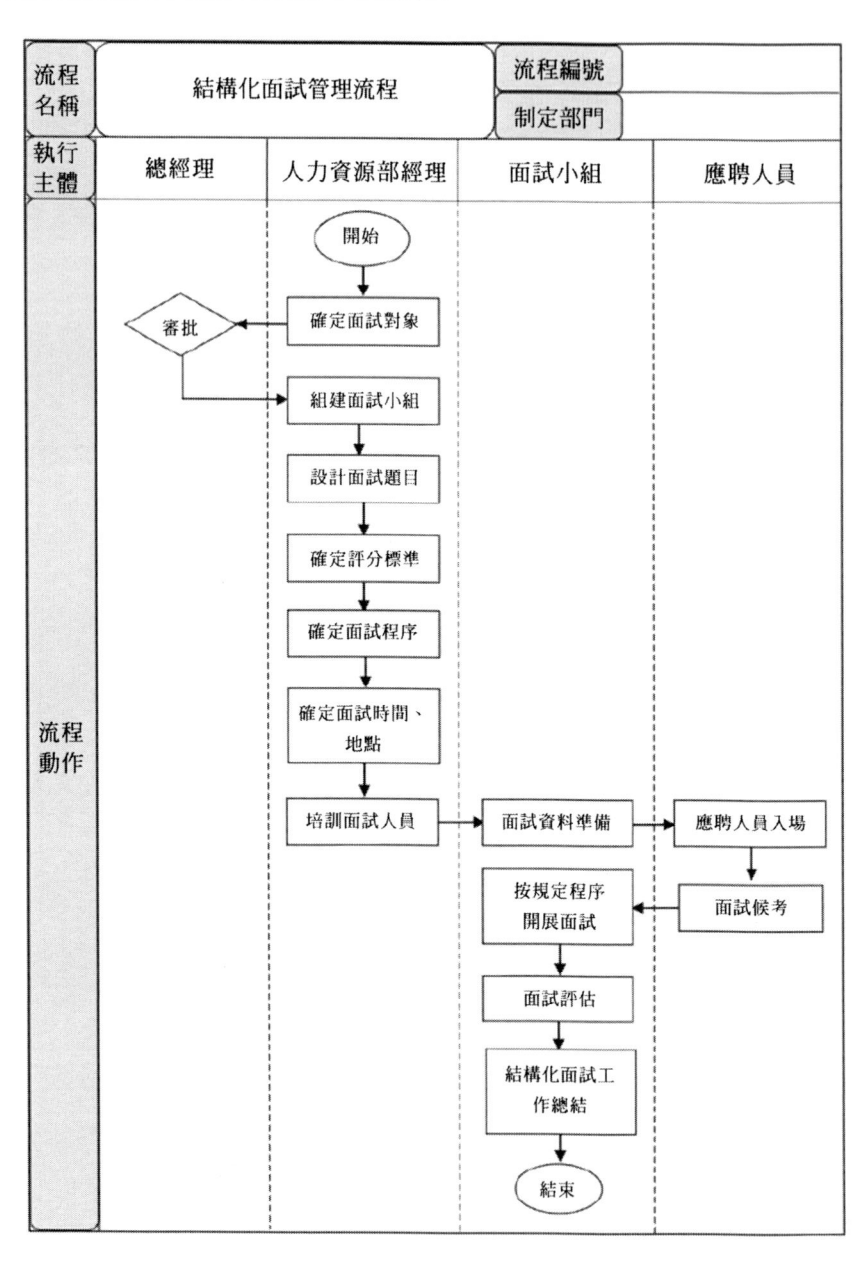

4.2.4 結構化面試管理流程

結構化面試管理流程如圖 4-5 所示：

流程名稱	結構化面試管理流程		流程編號	
			制定部門	
執行主體	總經理	人力資源部經理	面試小組	應聘人員
流程動作	審批	開始 → 確定面試對象 → 組建面試小組 → 設計面試題目 → 確定評分標準 → 確定面試程序 → 確定面試時間、地點 → 培訓面試人員	面試資料準備 → 按規定程序開展面試 → 面試評估 → 結構化面試工作總結 → 結束	應聘人員入場 → 面試候考

圖 4-5 結構化面試管理流程

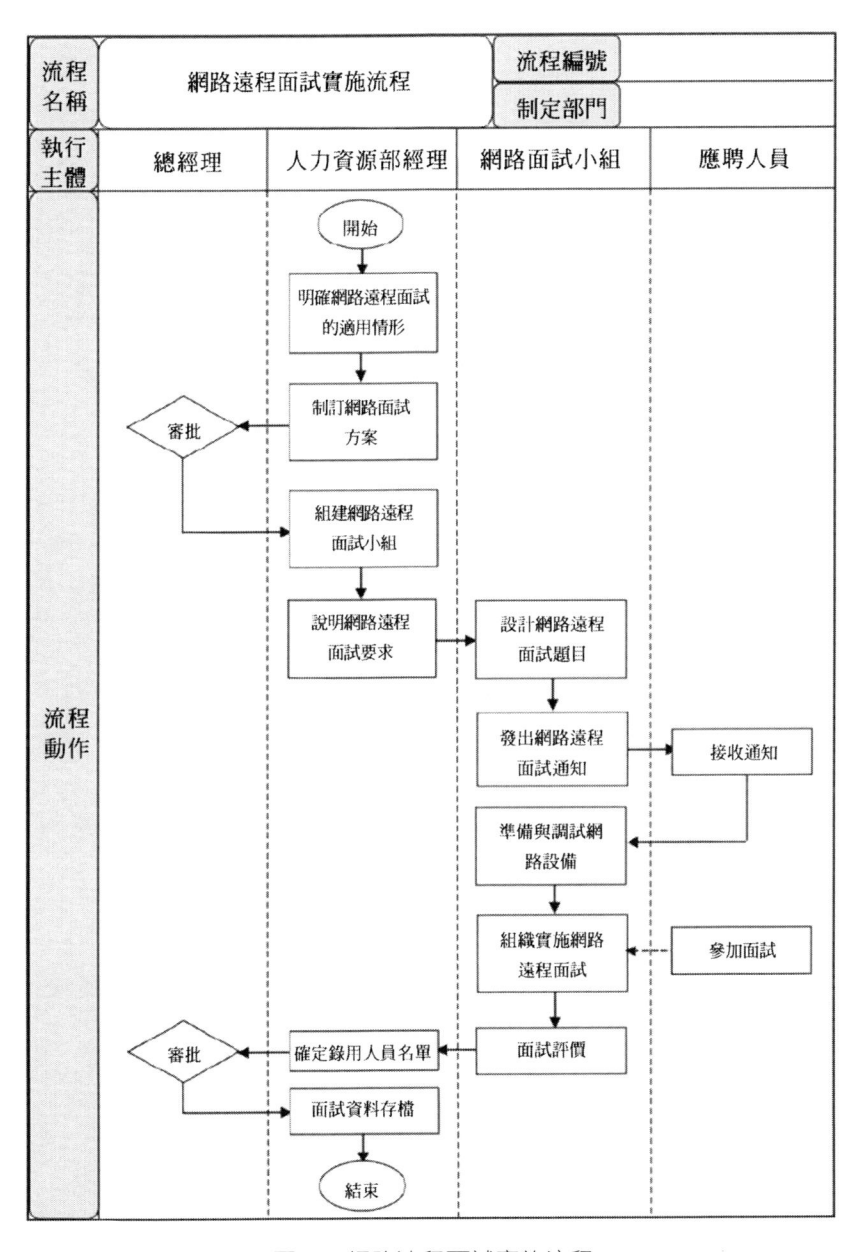

4.2.5 網路遠程面試實施流程

網路遠程面試實施流程如圖 4-6 所示：

圖 4-6 網路遠程面試實施流程

4.3 人員面試管理標準

4.3.1 人力面試管理業務工作標準

面試管理的工作標準包括面試準備工作標準、面試實施工作標準、面試評估總結工作標準等方面，具體的工作標準說明如表 4-2 所示：

表 4-2 人力面試管理業務工作標準

工作事項	工作依據與規範	工作成果或目標
面試準備	◆面試管理制度、面試小組組建流程、面試職位、面試對象、面試計劃、現有面試方法、面試資料完整情況、面試工作分工等	(1)面試準備任務按時完成率達100% (2)面試分工合理、面試資料齊全
面試實施	◆面試管理制度、網路遠程面試管理規範、結構化面試管理流程、面試人員到場順序、選擇的面試方法、面試工作流程、面試分工等	(1)嚴格遵守面試紀律與程序 (2)面試計劃完成率達100%
面試評估總結	◆面試總結評估管理制度、面試評估表、面試現場情況、錄用人員情況	(1)招聘適崗率達100% (2)有效面試工作改進意見數達__條

4.3.2 人力面試管理業務績效標準

面試管理業務的績效評估指標與評估標準的詳細說明如表 4-3 所示。

表 4-3 人力面試管理業務績效標準

工作事項	評估指標	評估指標
面試準備	面試實施方案提交及時率	1.面試實施方案提交及時率 = $\dfrac{\text{及時提交面試實施方案的次數}}{\text{面試實施方案提交的次數}} \times 100\%$ 2.面試實施方案提交及時率應達到__%，每降低__個百分點，扣__分；低於__%，本項不得分
	面試用品準備及時率	1.面試用品準備及時率 = $\dfrac{\text{及時準備面試用品的次數}}{\text{面試用品準備的次數}} \times 100\%$ 2.面試用品準備及時率應達到__%，每降低__%，扣__分；低於__%，本項不得分
	面試通知及時率	1.面試通知及時率 = $\dfrac{\text{及時進行面試通知的次數}}{\text{需要進行面試通知的次數}} \times 100\%$ 2.面試通知及時率應達到__%，每降低__個百分點，扣__分；低於__%，本項不得分
面試實施	面試紀律遵守情況	1.面試期間面試考官對面試紀律的遵守情況 2.面試期間，每違反一次面試紀律，扣__分；扣完為止
	面試計劃完成率	1.面試計劃完成率 = $\dfrac{\text{實際面試人數}}{\text{計劃面試人數}} \times 100\%$ 2.面試計劃完成率應達到__%，每降低__個百分點，扣__分；低於__%，本項不得分
面試總結與效果反饋	有效面試工作改進意見數	1.對面試改進工作提出的有效意見數 2.有效意見數應達到__條，每少__條，扣__分；扣完為止
	用人部門滿意度評分	1.用人部門對面試工作的滿意度評分的算術平均分 2.用人部門滿意度評分應達到__分，每降低__分，扣__分
	招聘人員適崗率	1.招聘人員適崗率 = $\dfrac{\text{招聘人員試用期考核通過數}}{\text{面試錄用人員總數}} \times 100\%$ 2.招聘人員適崗率應達到__%，每降低__%，扣__分；低於__%，本項不得分

4.4 人員面試管理制度

4.4.1 制度解決問題心智圖

企業面試管理中常常存在內部選聘面試缺乏公平性、面試程序不規範、面試責任不明確、面試評估方法不正確等問題。針對以上問題，人力資源部可透過設計人員面試管理的一系列制度進行解決。制度解決問題心智圖如圖4-7所示：

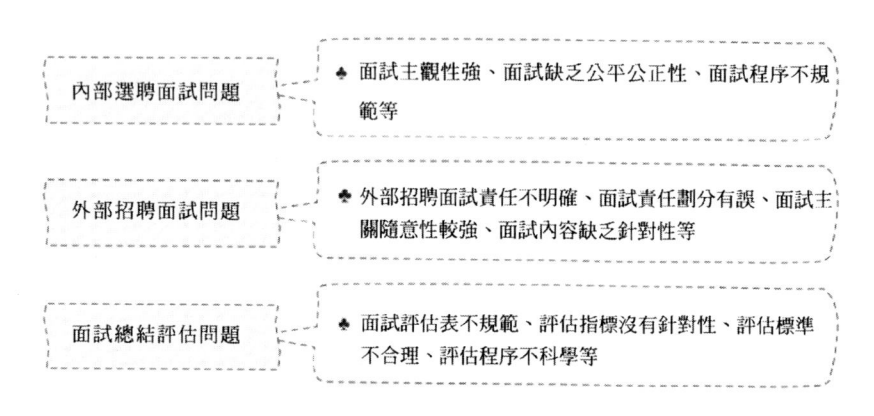

- 內部選聘面試問題 ── 面試主觀性強、面試缺乏公平公正性、面試程序不規範等
- 外部招聘面試問題 ── 外部招聘面試責任不明確、面試責任劃分有誤、面試主觀隨意性較強、面試內容缺乏針對性等
- 面試總結評估問題 ── 面試評估表不規範、評估指標沒有針對性、評估標準不合理、評估程序不科學等

圖4-7 面試管理制度解決問題心智圖

4.4.2 內部選聘面試管理制度

內部選聘面試管理制度如表4-4所示：

表4-4 內部選聘面試管理制度

制度名稱	內部選聘面試管理制度	編　　號	
執行部門		監督部門		編修部門	

第1條　目的。

為加強公司的人才隊伍建設，逐步建立內部選聘規範、公平、公正、公開、民主的面試選拔機制，提高內部選聘面試質量，真正做到「任人唯

才」，特製定本制度。

第2條 適用範圍。

本制度適用於公司內部招聘面試準備及實施工作。

第3條 面試原則。

1.公平公正、平等競爭原則。

2.任人唯才、擇優錄取原則。

3.面試人員人數適量精簡原則。

第4條 面試的組織部門。

面試由人力資源部負責組織，用人部門協助人力資源部在面試前擬訂日程安排、確定面試人員等。

第5條 面試考官的管理。

1.面試考官由各部門進行推薦選取，需由人力資源預先進行統一培訓，根據培訓結果確認其是否具有面試考官資格。

2.人力資源部將跟蹤面試考官的面試情況，並取消面試紀錄不良的面試考官的面試資格。

3.面試考官原則上不能授權他人代為面試，一旦發現，將以違反規定被通報過失。

第6條 面試的內容。

面試主要測評應聘人員的基本素質和實際工作能力。面試的要素主要包括下表所示的四個方面：

面試內容說明表

面試的要素	主要說明
個性特徵	◆個性特徵，主要包括應試者的外貌、言談舉止、性格特徵等內容
教育背景	◆教育背景，主要包括應試者所畢業的學校、所學的專業、在校成績、所獲的獎勵、社會實踐等內容
工作經驗	◆工作經驗，主要了解應試者過去工作所承擔的職務、主要工作職責、職務晉升狀況等方面，從而考察應試者的工作能力及責任心等內容

表4-4(續)

工作能力	◆對工作能力的考察，一般包括分析判斷能力、言語表達能力、計劃組織協調能力、人際交往的意識與技巧、求職動機與擬任職位的匹配性、自我情緒控制及應變能力等
原崗位工作業績	◆主要對原崗位工作目標達成情況、工作任務完成情況、原崗位的上級對其滿意度評價、同級對其評價情況等進行考查

第7條 面試前準備。

面試準備工作要做到「細」，只有準備工作的到位、全面，面試才會井然有序。面試準備工作主要有以下五個方面，如下表所示：

面試前準備工作說明表

面試準備工作	具體說明
組建面試小組	◆面試小組由招聘部門、用人部門負責人、接待人員組成，其中主要面試人員由招聘部門、用人部門負責人(必要時總經理參與)組成，招聘部門要提前與用人部門約好面試時間
選擇面試方法	◆內部競聘面試方法主要有競聘演講、競聘答辯、情景式面試等，面試小組可根據考查需要選擇其中一種或幾種面試方法
事務性準備	◆事務性準備工作有：準備應聘登記表、面試紀錄表、紙張和筆、水杯、情景面試用品等
面試接待的分工	◆做好面試接待的分工：引領、安排就坐、分發簡歷、情景面試場景的布置、倒水、監控等
提問疑點標記	◆對於前來面試者簡歷中的疑點事先要做出標記，在面試時向應聘者提出
面試問題設計	◆根據確定的測評要素設計面試題，面試題的難易度應該適中

第8條 面試實施。

1.面試準備工作結束後，人力資源部應組織對面試考官進行面試培訓，使其了解面試評估方法。

2.面試接待人員將參加面試的員工引領至面試地點，並告知面試的相關事項。

表4-4(續)

3.面試考官按照選擇的面試方法進行面試,並在面試中做好面試紀錄。
4.面試結束後,面試考官與人力資源部對各競聘者的綜合能力等進行評估,並擬定優先錄用名單,由人力資源部交由公司總經理進行審批。
5.人力資源部需組織面試考官對本階段的面試工作進行總結,以進一步改進面試工作等。
第9條 內部選聘面試的注意事項。
1.因參加面試人員屬於公司內部員工,人力資源部可根據選聘崗位特點等因素刪減一些不必要的面試環節,以提高整個面試的工作效率。
2.在進行面試時,面試考官應著重了解競聘者在工作期間的主要工作業績及相關獎懲,以進一步分析競聘者的能力及對崗位的適應性等。
3.面試考官要隨時記錄面試重要事項,並對在面試中有突出表現的員工進行標記,以加強公司對優秀人才的挖掘和培養等。
第10條 本制度由人力資源部制定,解釋權和修訂權歸人力資源部所有。
第11條 本制度自發布之日起生效。

標誌日期		審核日期		批准日期	
修改標記		修改處數		修改日期	

4.4.3 外部招聘面試管理制度

外部招聘面試管理制度如表4-5所示:

表4-5 外部招聘面試管理制度

制度名稱	外部招聘面試管理制度	編 號	
執行部門		監督部門		編修部門	

第一章 總則

第1條 目的。

為確保順利實現以下兩個方面的目的,特制定本制度:

1.確保外部招聘面試工作的規範、及時和有效,提高面試質量和效率,降低面試成本。

表4-5 (續)

2.確保招聘面試為公司提供合乎崗位要求、高質量的外部人員。

第2條 適用範圍。

本制度適用於外聘應聘人員的面試管理,包括網路招聘、人才市場上招聘的相關應聘人員。

第3條 管理職責。

1.人力資源部為外部招聘面試管理的歸口管理部門,負責整個面試流程的統籌、安排等,及時處理各面試環節中各項事宜,並根據筆試和面試結果,做出錄用決策,並上報公司總經理進行審批。

2.用人部門協助人力資源部對應聘人員進行專業知識和技能的面試工作,並根據部門崗位的具體要求綜合分析應聘人員的面試和筆試的情況。

第4條 面試原則。

1.公平公正、平等競爭原則。

2.擇優錄取原則。

3.嚴格考核,寧缺毋濫原則。

4.招聘相應級別的人員不能降級要求原則。

第二章 外部招聘面試考官管理

第5條 面試資格類別與責任劃分。

公司面試資格人分為四類,不同級別的人員需要不同的面試資格人來面試。具體內容如下表所示:

面試資格類別與責任說明表

類別	人員範圍	責任
資格面試人	◆ 人力資源部主管級人員	◆ 資格審查、素質考核
第一面試人	◆ 優秀業績的業務骨幹、部門資歷淺的主管	◆ 以業務技術能力考察為主,兼素質考核
第二面試人	◆ 三級部門主管,資歷深的主管	◆ 業務、技術能力考察與素質並重
綜合面試人	◆ 各副總、總經理、人力資源部經理	◆ 以業務技術能力考察為輔助,素質、潛力考察為主

表4-5(續)

第6條 面試考官的確定。

外部招聘的面試考官一般由人力資源部工作人員、用人部門主管、公司高層領導、外部聘請專家等人員擔任，且各面試官應具備如下條件：

1. 具備良好的個人品格和修養。
2. 掌握相關的專業知識，至少在一個面試考官小組的知識組合上不應該存在缺口。
3. 熟練運用各種面試技巧，達到準確簡捷地對應聘人員做出判斷的目的。
4. 面試考官應對應聘者在面試中的表現做出客觀、公正的評價，絕不能因某些非評價因素而影響對應聘者的客觀評價。
5. 了解公司狀況及職位要求、職位的工作職責和應聘者必須具備的學歷、工作經歷、性格與才能，並掌握相關人員測評技術。

第三章 外部招聘面試實施管理

第7條 面試題目設計。

人力資源部經理、招聘主管及相關部門根據確定的測評要素設計面試題。

第8條 面試通知。

1. 招聘專員應通過電話、電子郵件等方式通知應聘人員前來面試。
2. 面試通知中需明確面試時間、面試地點及相關面試要求等。

第9條 面試地點安排。

招聘主管負責面試地點的安排。一般情況下，面試地點多為安靜的室內。

第10條 面試材料準備。

招聘專員應準備面試相關的材料，包括「職位申請表」「面試評估表」等。

第11條 選擇面試的形式。

1. 面試一般包括一對一面試、一對多面試、小組面試、管理評價中心(小組討論、個人演說、公文處理、行為事件訪談、情景模擬、角色扮演等)等形式
2. 在應聘人員較少的情況下，人力資源部宜選取一對一的面試形式。

表 4-5(續)

在招聘量較大時，由人力資源部門同用人部門相關人員等組成面試小組，對應聘人員實施集體面試(對於重要崗位，人力資源部應要求公司高層領導主持面試)。

第12條 面試實施。

面試的實施過程如下表所示：

面試實施過程說明表

主要步驟	詳細說明	涉及部門
建立良好的面試氣氛	◆ 給予應試者友好的、禮貌的接待(主動問候等) ◆ 妥善解除候選人的緊張心情(輕鬆的開場白等)	人力資源部
介紹公司情況及職位需求	◆ 面試官要向應試者簡單介紹公司情況及職位需求 ◆ 介紹面試的大致程序，以及該職位需要經歷幾個面試階段等 ◆ 逐步引出面試正題	人力資源部
初試階段	◆ 初試環節一般由人力資源部主導，主要了解應聘者基本條件、對崗位職責的認識、個性特長、工作業績、求職動機、離職原因、個人職業發展傾向等 ◆ 可以按照事先擬定好的面試題目進行提問，盡量以開放式的問題進行提問，同時認真做紀錄 ◆ 將初試合格者推薦給用人部門複試，若發現初試不符合要求應盡快地結束面試，不再安排下一輪面試	人力資源部
複試階段	◆ 複試一般由用人部門主導，旨在考查應聘者是否達到招聘職位應具備的專業知識和技能水平 ◆ 此階段，面試官通過對應聘者過去經歷的詳細了解及對未來的預測，明確應聘者是否具備勝任此職位的潛質	人力資源部及用人部門
評估階段	◆ 填寫面試評估表，對應試人員在面試中的表現進行評估，為人員錄用決策提供依據 ◆ 這一階段主要是了解應聘者的價值取向與公司企業文化的匹配程度，洞察應聘者深層次的品質特徵，如誠信、責任、經驗、智慧、成熟等	人力資源部及用人部門

表4-5(續)

最終評定	◆ 招聘主管應根據面試評估表，對複試合格的應聘人員進行崗位和待遇的複核，擬定錄用人員名單，報人力資源部經理、總經理審批 ◆ 總經理審批後，招聘主管應安排錄用人員的聘用事宜	人力資源部及總經理

第13條 面試注意事項

在組織面試工作時，人力資源部不僅應注意以下事項，還應提醒面試考官注意以下事項：

1.面試準備工作要充分，如：面試應盡可能地選擇在面試雙方都有充足時間的時候；面試場地要安靜，盡量不要受到外界的干擾；面試相關工具的準備要到位等。

2.面試官應了解面試流程，掌握一定面試技巧，注重一些基本禮儀。

3.面試官要避免因為對應聘者的「第一印象」而忽視其他考查重點，面試評價者在面試過程中要不斷警示自己切勿過早做出判斷，直到全部的問題都問完為止。

4.對於應聘者所表現出來的優點或缺點要用中肯的眼光看待，不能「以偏概全」

5.用人部門面試官不得對候選人許諾薪酬，只能了解其期望目標，並在面試評價表中提出建議。

第四章 附則

第14條 本制度由人力資源部制訂，解釋權和修訂權歸人力資源部。

第15條 本制度自發布之日起生效。

編制日期		審核日期		批准日期	
修改標記		修改處數		修改日期	

4.4.4 面試總結評估管理制度

面試總結評估管理制度如表 4-6 所示：

表 4-6 面試總結評估管理制度

制度名稱	面試總結評估管理制度		編　　號	
執行部門		監督部門	編修部門	

第一章　總則

第1條　目的

為完成以下兩大目的，特制定本制度：

1. 建立和完善面試總結評估體系，準確評估面試人員的工作勝任力，降低人才引進的風險。

2. 規範面試評估管理程序，優化人力資源配置，降低招聘面試成本，提高面試效率。

第2條　適用範圍。

本制度適用於公司應聘人員的面試評估工作。

第3條　評估原則。

面試評估人員在對面試者進行評估時，應遵守以下相關原則：

1. 公平原則。公平是確立和推行面試評估的前提，是面試評估的基本原則。

2. 客觀原則。面試評估人員對面試人員進行客觀評價，盡量避免滲入主觀性和感情色彩。

3. 嚴格原則。面試評估應有明確的評估標準、嚴格的評估制度與科學面嚴格的程序及方法等。

第二章　面試評估體系管理

第4條　建立評估體系。

　　人力資源部門負責建立涵蓋評估方式、評估指標、評估內容和評估標準的面試評估體系，並在實際工作中不斷加以豐富和完善。

表4-6(續)

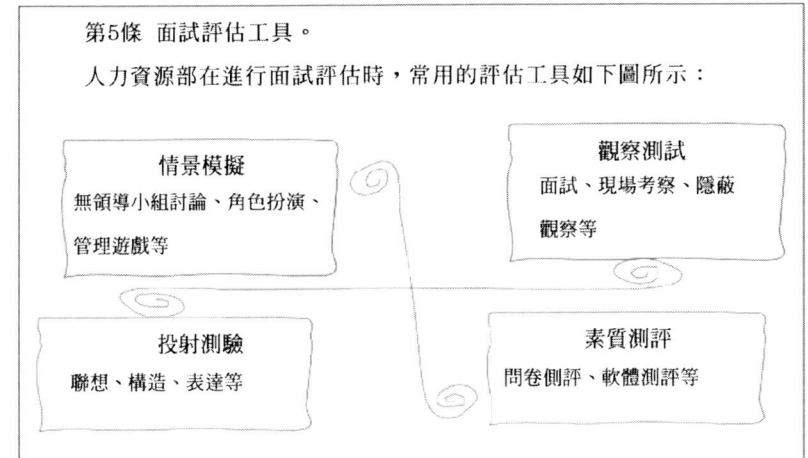

第5條 面試評估工具。

人力資源部在進行面試評估時,常用的評估工具如下圖所示:

情景模擬	觀察測試
無領導小組討論、角色扮演、管理遊戲等	面試、現場考察、隱蔽觀察等
投射測驗	素質測評
聯想、構造、表達等	問卷側評、軟體測評等

常用的面試評估工具

第6條 面試評價量表設計。

在設計面試評價量表時,人力資源部應對各評價要素進行綜合分析後再設計計分標準。

1.明確面試評價量表的構成。一份完整的面試評價量表主要由姓名、性別、年齡、應聘職位、評價要素、評價標準與等級、評語、考官簽字欄等部分組成。

2.評價要素設計。本公司面試評估的評價要素應從工作能力、工作態度、工作業績三個方面進行設計,分別提取能力指標、態度指標和業績指標。

3.計分標準設計。為保證面試評估的客觀性,在設計評價量表時,人力資源部應使面試評估的評分有一個確定的計分幅度及評計標準。

(1)評價標準等級。在設計面試評價量表時,人力資源部應把面試標準等級分為三級、四級、五級等,在每一等級有一定的標準內容,在評分等級的用詞上,盡量體現等距原則,保持分寸、程度和數量上的連續性,避免幅度較大的跳躍。

(2)將各等級進行量化。等級量化就是對各評價標準准予以刻度。可以是定量的,如1、2、3、4、5……,10、20、30、40、50……,也可以是定性的,如優、良、中、差、劣或A、B、C、D、E。

99

表4-6(續)

4.面試評價量表格式。常見的面試評價量表主要有下表所示的三種，人力資源部的設計時可選擇其中的一種或自行設計。

面試評價量表的格式

主要格式	具體說明
問卷式評價量表	・此種量表運用問卷形式，將所要評價的項目列舉出來，由面試官根據應聘者在面試中的表現進行評審
等級標準評價量表	・此種量表選定本次面試的諸評價要素，將每一要素劃分若干標準等級，面試官根據應聘者的面試表現對每一要素進行評分
綜合評價量表	・按提問順序記分，其每一評價要素對應若干項，最後將各項平均得分綜合統計在一張評價表上 ・此種量表由面試提問單、提問記分表、綜合計分評價表三部分構成

下表是面試評價量表的具體格式範例，人力資源部可參照使用。

面試評價表

姓名		性別		年齡	
應聘職位		應聘部門			
面試評價					
評價要素	評價標準		評語		評價等級
舉止儀表					
專業知識水平及特長					
工作經歷					
工作態度與工作動機					
應變能力與反應能力					
分析判斷能力					
組織協調能力					
人際交往能力					
語言表達能力					
事業心、進取心、自信心					
紀律性					

表4-6(續)

自制力、自控力		
興趣和愛好		
綜合評價及錄用意見	簽字：	日期： 年 月 日

第三章 面試評估實施管理

第7條 面試紀錄。

面試管理人員在面試過程中要及時紀錄應聘人員以及面試工作等各方面訊息，為了保證面試資料的全面性，在徵得應聘人員的同意後，可對整個面試過程進行錄音。

第8條 填寫評價量表。

面試管理人員根據應聘者表現，如實填寫面試評價量表。具體要求如下：

1.根據原先制定的工作要求來評分，盡量不要翻閱其他應聘者的評價量表。

2.面試官不要在本步驟中做出招聘決定。

3.評分時應參考應聘者的回答重點，留意與該工作表現維度有關的問題，然後寫下評分。

4.極力避免主觀因素的影響，要從記錄中找尋證據支持自己，切勿以印象或個人喜好作準則。若紀錄沒有支持證據，該項工作表現維度便應獲低分。面試官在評分時，要竭力保持客觀，腦海中應只有應徵者的行為表現，而非個人相貌、學歷、身材、背景資料等。

第9條 檢查評分與紀錄。

1.面試評估人員應對面試紀錄進行仔細核對，檢查不同的應徵者是否有相同的回答。若有類似的答案出現，主試人還要進一步檢查評量表，看看他是否給予相同的評分。

2.面試評估人員還應檢查量表中一些關鍵性評價要素的評分，比較高分者與低分者的答案，評估他們的行為表現是否與評分匹配。

3.在同分的情況下，面試評估人員需查閱評價量表，使用加權量表，對在權重較高類獲得高分的應聘者，應首先予以考慮聘用。

表4-6(續)

第10條 招聘決定

所有面試官根據各自的面試整體情況，對照招聘職位的要求，商討各項能力的評價，最終得出一致認可的評估結果，做出最終的聘用決定。

第11條 面試評估的注意事項。

面試評估過程中有很多的誤區，評估人員應注意避免。具體如下表所示：

面試評估誤區及解決方法說明

誤區	產生原因	控制方案
類我效應	• 當面試官聽到應試者的某種背景和自己相似，就會對他產生好感和同情，以至最後使面試失去公允和客觀	• 筆記要真實、客觀，應該在把所有應聘者的面試記錄記好後，判斷誰更合適，而不是看誰更像我
暈輪效應	• 面試官心中有一個理想的應聘者形象，如果發現了某人在某方面符合自己的理想，就認為他在所有方面都是好的，從而影響對面試對象做出客觀正確的評價	• 時刻提醒自己，如果候選人的某個亮點太亮了，就必須把它淡化，並刻意地去挖掘它背後那些訊息
相比錯誤	• 有很多應聘者，其中有一個非常出色，其他人與之相比，就顯得很一般 • 相比錯誤的關鍵就是以人比人	• 以職位來比人，以維度來比人，而不要用人來比人
首因和近因效用	• 面試官往往對面談開始時和結束時的內容印象較深	• 給每個應聘者制定專業的面試計劃，做好面試筆記

第四章 附則

第12條 本制度由人力資源部制定，解釋權和修訂權歸人力資源部所有。

第13條 本制度自發布之日起生效。

編制日期		審核日期		批准日期	
修改標記		修改處數		修改日期	

第 5 章 錄用入職業務·流程·標準·制度

5.1 錄用入職業務模型

5.1.1 錄用入職業務工作心智圖

人員面試後，人力資源部應與錄用人員進行錄用面談，發放錄用通知，並辦理入職手續。企業通常從員工錄用、員工入職以及員工試用轉正三個角度開展錄用入職管理工作，錄用入職業務工作心智圖如圖 5-1 所示：

錄用業務	入職業務	試用轉正職管理業務
• 主要是發出錄用通知和公告，使應聘人員能及時了解錄用相關訊息 • 與應聘人員進行錄用面談，以提高應聘人員對企業的了解	• 引導入職人員辦理入職相關手續等，包括與其簽訂勞動合同、為其配備辦公設備及用品等 • 建立員工入職檔案，並對檔案進行定期維護	• 向試用員工說明試用轉正職的相關規定，並組織實施試用轉正考核，提高員工質量

圖 5-1 錄用入職業務工作心智圖

5.1.2 錄用入職主要工作職責

錄用入職工作的責任主體是人力資源部，在企業錄用入職工作中，人力資源部可依據錄用入職業務工作心智圖，完成錄用管理、入職管理、試用轉正管理三項工作。同時，用人部門應協助人力資源部完成試用員工的考核工作。人力資源部的主要職責說明如表 5-1 所示：

表 5-1 錄用入職工作職責說明表

工作職責	職責具體說明
錄用管理	1.根據面試情況及錄用標準，確定錄用名單 2.及時將錄用訊息通知應聘人員，並做好通知標記工作，以免漏掉應入職人員或對應聘人員進行重複通知 3.做好錄用面談準備，以保證積極的面談效果

表5-1(續)

工作職責	職責具體說明
入職管理	1.做好入職人員的入職接待工作，指導入職人員填寫入職表格、簽訂勞動合同等，辦理各類入職手續 2.組織開展入職會議或培訓，使新入職員工能盡快了解企業的管理及產品知識等，盡快適應崗位工作 3.收集與整理入職人員資料，建立新入職員工檔案，並對檔案進行保管、更新、維護
試用轉正管理	1.根據入職員工崗位與用人部門商定入職人員的試用期、試用期考核標準、試用時考核的實施時間等 2.向試用員工詳細說明其在試用期間的主要工作事項、應遵守的試用規定、試用考核的相關方法及步驟等，並協調用人部門組織實施試用轉正考核 3.為員工辦理試用轉正手續，並將相關試用轉正材料及文件等及時交總經理審核，並做好資料的保存管理工作

5.2 錄用入職管理流程

5.2.1 主要流程設計心智圖

人力資源部可根據錄用入職管理的工作內容及工作程序，在錄用管理、入職管理、試用轉正管理三個方面設計錄用入職管理的主要流程。具體可設計圖 5-2 所示的三類流程。

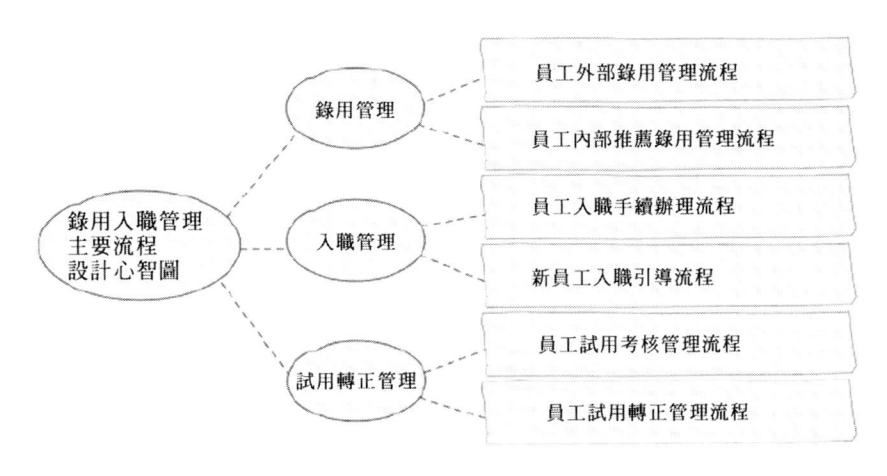

圖 5-2 錄用入職主要流程設計心智圖

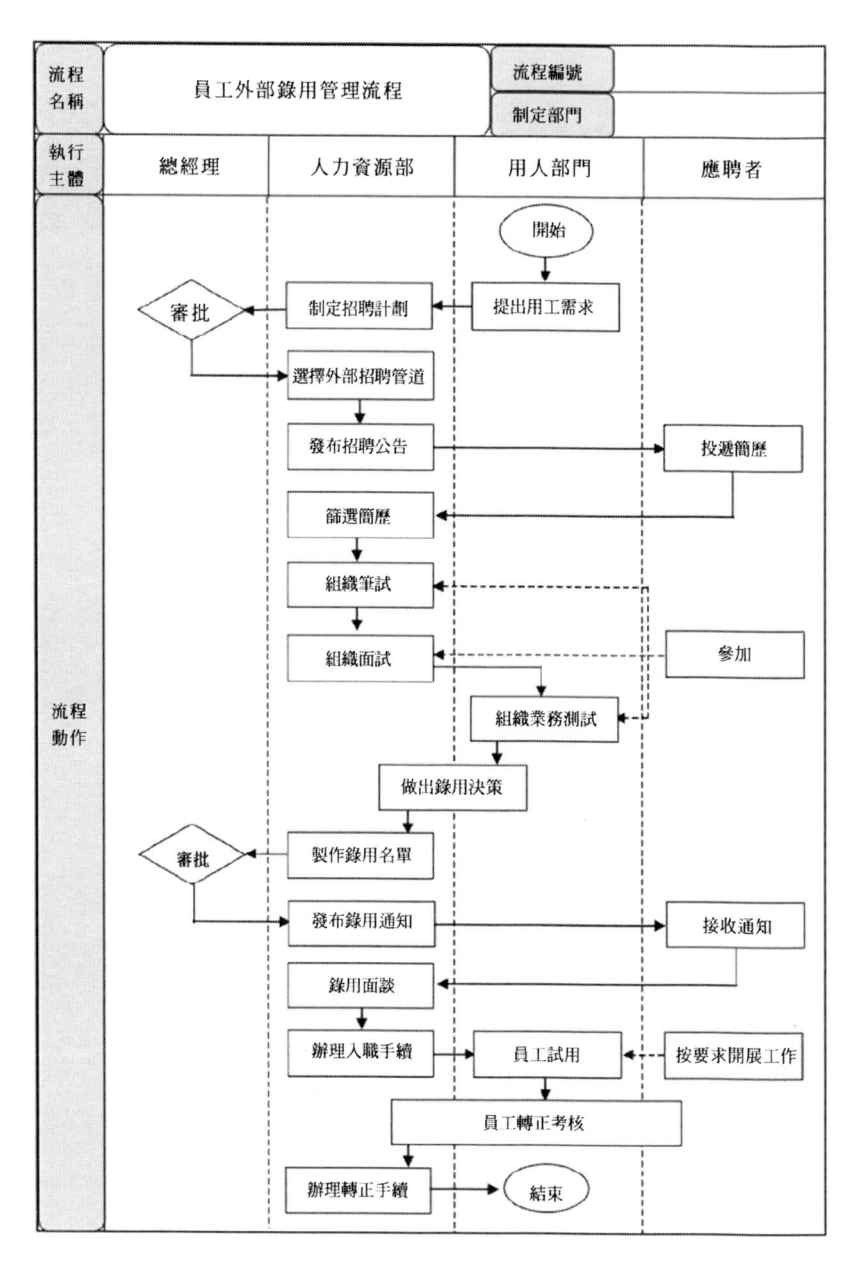

5.2.2 員工外部錄用管理流程

員工外部錄用管理流程如圖 5-3 所示：

流程名稱	員工外部錄用管理流程		流程編號	
			制定部門	
執行主體	總經理	人力資源部	用人部門	應聘者
流程動作				

流程動作（依序）：
- 開始（用人部門）
- 提出用工需求 → 制定招聘計劃 → 審批（總經理）
- 選擇外部招聘管道
- 發布招聘公告 → 投遞簡歷（應聘者）
- 篩選簡歷
- 組織筆試 ← 參加（應聘者）
- 組織面試
- 組織業務測試
- 做出錄用決策
- 審批（總經理）→ 製作錄用名單
- 發布錄用通知 → 接收通知（應聘者）
- 錄用面談
- 辦理入職手續 → 員工試用 ← 按要求開展工作
- 員工轉正考核
- 辦理轉正手續 → 結束

圖 5-3 員工外部錄用管理流程

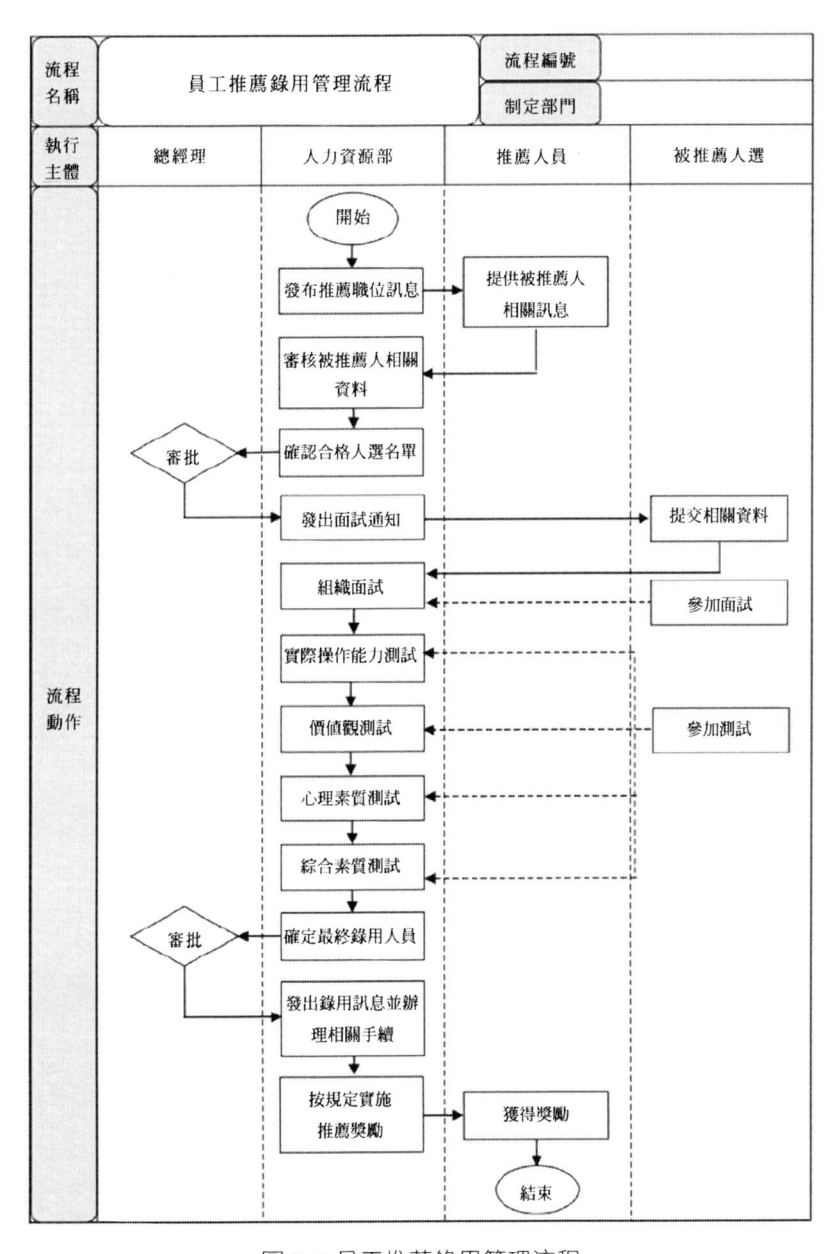

5.2.3 員工推薦錄用管理流程

員工推薦錄用管理流程如圖 5-4 所示：

圖 5-4 員工推薦錄用管理流程

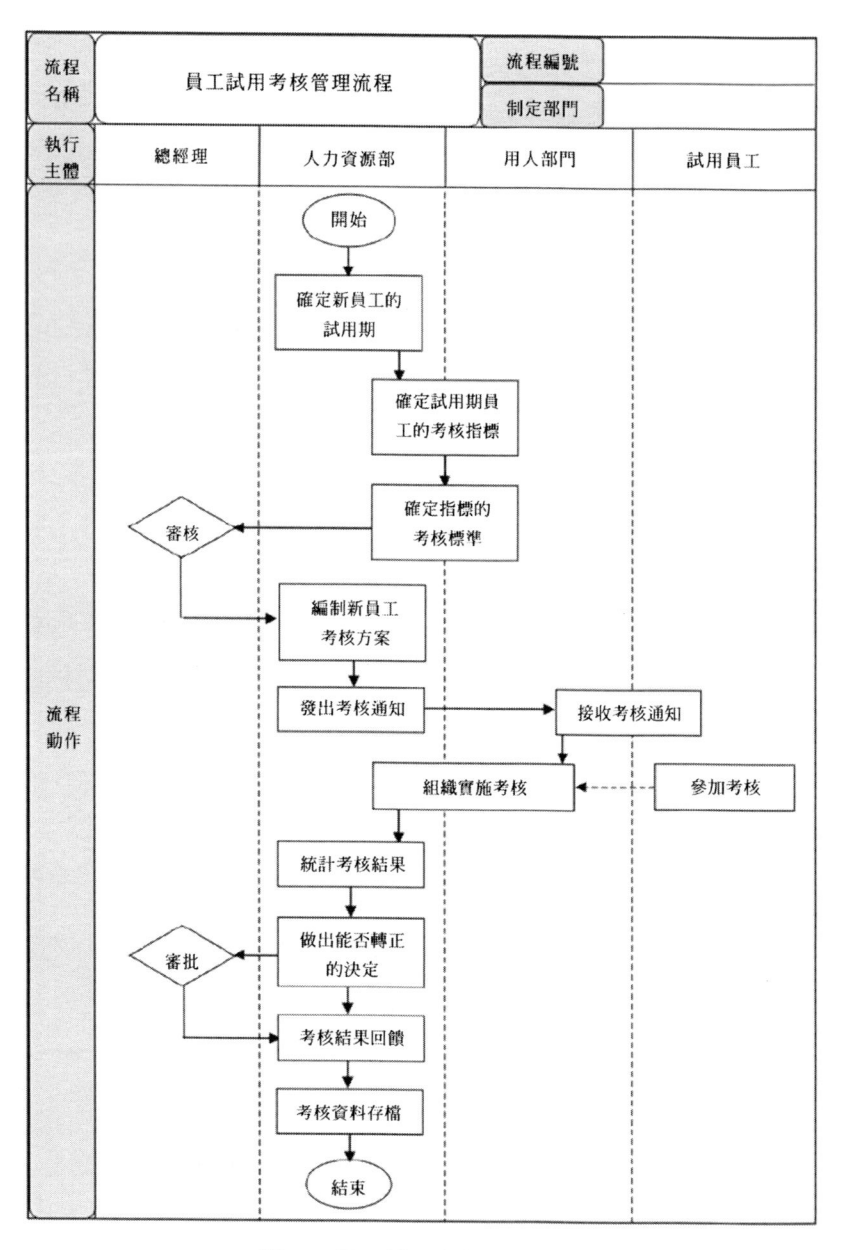

5.2.4 員工試用考核管理流程

員工試用考核管理流程如圖 5-5 所示：

流程名稱	員工試用考核管理流程		流程編號	
			制定部門	
執行主體	總經理	人力資源部	用人部門	試用員工
流程動作	審核 / 審批	開始 → 確定新員工的試用期 → 確定試用期員工的考核指標 → 確定指標的考核標準 → 編制新員工考核方案 → 發出考核通知 → 統計考核結果 → 做出能否轉正的決定 → 考核結果回饋 → 考核資料存檔 → 結束	接收考核通知 → 組織實施考核	參加考核

圖 5-5 員工試用考核管理流程

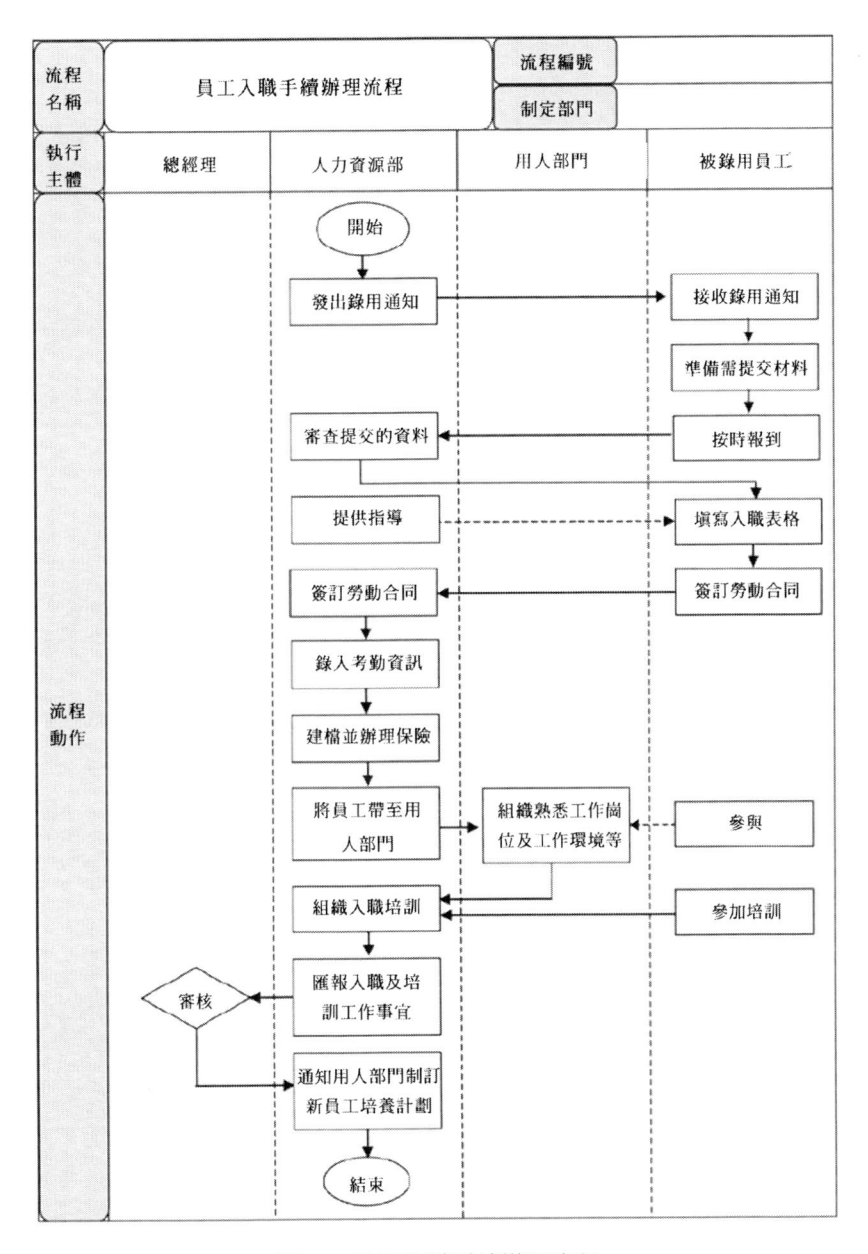

5.2.5 員工入職手續辦理流程

員工入職手續辦理流程如圖 5-6 所示：

圖 5-6 員工入職手續辦理流程

5.3 錄用入職管理標準

5.3.1 錄用入職管理業務工作標準

錄用入職管理工作標準主要包括人員錄用工作標準、入職管理工作標準、試用轉正工作標準等，各工作標準的具體說明如表 5-2 所示：

表 5-2 錄用入職管理業務工作標準

工作事項	工作依據與規範	工作成果或目標
錄用管理工作	・企業人才錄用管理制度、企業人力資源管理制度、企業新員工管理制度等	(1)錄用通知發布及時率達100% (2)錄用通知錯誤率為0
入職管理工作	・新員工入職管理流程、新員工辦公用品發放流程、新員工入職引導管理辦法 ・人力資源檔案管理制度、文件存儲管理制度、企業文書管理規範等	(1)入職手續辦理及時率達100% (2)員工滿意度評分達__分 (3)存檔錯誤率為0 (4)文檔處理及時率達100%
試用轉正管理工作	・員工試用轉正管理制度、員工試用考核管理制度、員工轉正考核流程、試用期限等	(1)轉正考核通過率達100% (2)試用員工合格率達100%

5.3.2 錄用入職管理業務績效標準

企業設置錄用入職管理的績效標準，可明確錄用入職工作目標，為錄用入職管理提供指導與方向。錄用入職管理業務的績效標準如表 5-3 所示。

表 5-3 錄用入職管理業務績效標準

工作事項	評估指標	評估標準
錄用管理	錄用通知發布及時率	1. 錄用通知發布及時率＝$\dfrac{\text{及時發布的錄用通知次數}}{\text{錄用通知發布的總次數}} \times 100\%$ 2. 錄用通知發布及時率應達到__％，每降低__個百分點，扣__分；低於__％，本項不得分
錄用管理	錄用通知差錯率	1. 錄用通知差錯率＝$\dfrac{\text{錄用通知發布的錯誤次數}}{\text{錄用通知發布的總次數}} \times 100\%$ 2. 錄用通知差錯率應不高於__％，每增加__個百分點，扣__分；高於__％，本項不得分
入職管理	入職工作任務按時完成率	1. 入職工作任務按時完成率＝$\dfrac{\text{按時完成的入職工作任務數量}}{\text{應完成的入職任務總量}} \times 100\%$ 2. 入職工作任務按時完成率達到__％，每降低__個百分點，扣__分；低於__％，本項不得分
入職管理	入職手續辦理齊全率	1. 入職手續辦理齊全率＝$(1-\dfrac{\text{入職手續缺項的次數}}{\text{入職手續辦理次數}}) \times 100\%$ 2. 入職手續辦理齊全率應達到__％，每降低__個百分點，扣__分；低於__％，本項不得分
入職管理	新員工入職培訓率	1. 新員工入職培訓率＝$\dfrac{\text{實際參加培訓的新員工數量}}{\text{應參加培訓的新員工數量}} \times 100\%$ 2. 新員工入職培訓率應達到__％，每降低__個百分點，扣__分；低於__％，本項不得分
試用轉正管理	新員工滿意度	1. 新員工滿意度指用人部門對新員工滿意度評分的算術平均數 2. 新員工滿意度評分應達到__分，每降低__分，扣__分；低於__分，本項不得分

表5-3(續)

檔案管理	試用轉正考核合格率	1.試用轉正考核合格率=$\dfrac{通過試用轉正考核的員工數}{試用員工總數}\times 100\%$ 2.試用轉正考核合格率應達到__%,每降低__個百分點,扣__分;低於__%,本項不得分
	錄用資料及時整理率	1.錄用資料及時整理率=$\dfrac{及時整理得錄用資料份數}{應整理得錄用資料份數}\times 100\%$ 2.錄用資料及時整理率應達到__%,每降低__個百分點,扣__分;低於__%,本項不得分
	入職材料歸檔及時率	1.入職材料歸檔及時率=$\dfrac{及時歸檔的入職材料份數}{入職材料的總份數}\times 100\%$ 2.入職材料歸檔及時率應達到__%,每降低__個百分點,扣__分;低於__%,本項不得分

5.4 錄用入職管理制度

5.4.1 制度解決問題心智圖

錄用入職管理制度可以規範企業錄用流程,完善入職引導管理,為企業試用轉正工作提供依據等,具體的制度解決問題如圖5-7所示:

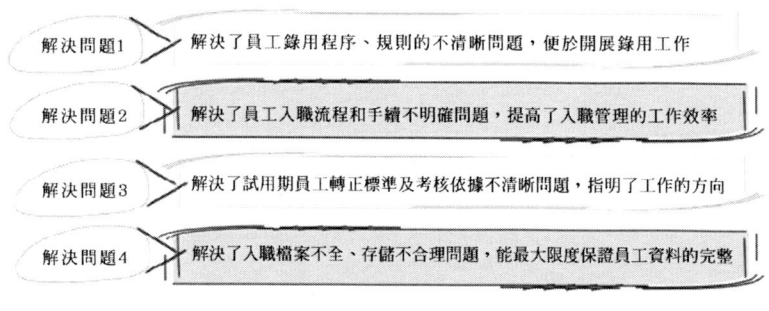

解決問題1	解決了員工錄用程序、規則的不清晰問題,便於開展錄用工作
解決問題2	解決了員工入職流程和手續不明確問題,提高了入職管理的工作效率
解決問題3	解決了試用期員工轉正標準及考核依據不清晰問題,指明了工作的方向
解決問題4	解決了入職檔案不全、存儲不合理問題,能最大限度保證員工資料的完整

圖5-7 錄用入職制度解決問題心智圖

5.4.2 員工錄用管理辦法

員工錄用管理辦法如表 5-4 所示：

表 5-4 員工錄用管理辦法

制度名稱	員工錄用管理制度		編　號	
執行部門		監督部門	編修部門	

第一章　總則

第一條　目的。

為規範公司應聘人員錄用程序，節約公司人力及時間成本，提高招聘效率，特制定本辦法。

第2條　適用範圍。

本辦法適用於公司招聘時錄用決策、錄用通知發放、錄用人員報導、錄用面談等事項的管理。

第二章　初步錄用決策管理

第3條　面試甄選。

人力資源部應組織運用筆試、面談、心理測試和情境模擬等多種考核方法對應聘者進行甄選評估，記錄應聘者在甄選過程中的表現，按規範填寫「面試評定表」，根據事先確定的錄用標準、錄用比例對應聘者進行評分，從而初步確定錄用候選人名單。

第4條　做出初步錄用決策。

1.錄用決策遵循原則。

(1)全面評價原則，即錄用決策必須是根據對錄用候選人進行全方面的考評後得出的綜合得分而確定的，它必須滿足公司、部門和崗位的實際用人需要。

(2)決策人員少而精原則，即作出錄用決策的管理人員不宜過多，選擇那些直接參與面試以及將來會與錄用候選人共同工作的管理人進行決策。

2.錄用決策的注意事項。

公司通過適當的方式做出錄用決策時，應注意以下幾點。

表5-4(續)

(1)招聘工作人員，包括簡歷篩選人員、面試考核人員、錄用決策人員，應在招聘工作進行前制定統一的評價標準。

(2)當人力資源部門與用人部門在錄用人選問題上意見有衝突時，應尊重用人部門的意見。

(3)初步確定錄用人選的同時，應確定後備人選名額，以防突發情況發生。

3.得出初步錄用決策。錄用候選人名單確定後，人力資源經理同用人部門經理應共同根據面試甄選結果資訊，採用診斷法或統計法最終做出初步錄用決策。

第5條 進行資質及背景調查。

確定初步錄用人員後，人力資源部應組織對擬錄用人員進行資質及背景資訊真偽調查。

1.背景資訊調查內容。

背景資訊調查內容主要包括以下幾方面：

(1)錄用人員簡歷所述學歷水平以及有關證書真偽情況。

(2)工作經歷，包括曾任職位、工作年限、薪酬變化等。

(3)檔案資料，主要調查錄用人員過去是否有違法或其他的不良行為紀錄。

2.背景調查的注意事項。

(1)人力資源部應從多角度、多管道調查錄用人員提交內容的真實性。

(2)如果錄用人員還未離職，在其所在公司進行調查應注意技巧和方式。

(3)調查工作要目標性，不應將時間花在調查與工作無關的訊息上。

第6條 確定薪酬。

公司做出初步錄用決策並經過背景調查後，應就錄用人員的薪酬待遇問題進行討論，並將詳細的薪酬和有關福利方面的資訊告知錄用人員。錄用人員的薪酬待遇的確定應主要從以下三方面進行考慮：

1.錄用人員目前的薪酬狀況、期望的薪酬水平。

2.錄用人員在面試時的表現。

3.市場上或行業內該職位的薪酬水平。

表5-4(續)

第三章 錄用通知與面談

第7條 下發錄用通知。

1.在初選錄用人員的薪酬待遇確定後，招聘主管應按招聘計劃編制「錄用通知書」，並通過信函、電子郵件等方式通知錄用人員。「錄用通知書」上需寫明錄用崗位、報導時間、須攜帶的有關資料和文件、試用期限、轉正後工資、聯繫方式等內容。具體示例如下所示：

錄用通知書

__先生／女士：

您應聘我公司的_____崗位，經評審合格，依本公司任用規定予以錄取，真誠歡迎您的加入。報到的有關事項如下。請參照辦理，如有疑問請致電諮詢。

1.請您於__年__月__日__時來公司人力資源部報到。報到時須攜帶以下資料，以便辦理入職手續。

(1)身份證原件及複印件。

(2)最高學歷證書原件及複印件。

(3)資格證書或上崗位證書原件及複印件。

(4)半年之內縣級以上醫院或專業體檢機構的體檢證明材料。

(5)一小时免冠白底照片三張。

2.您的試用期為__個月，試用期內工資為基本工資的80%，試用期滿，經考核合格後，予以轉正，轉正後工資為__元／月。

3.您如果不能按時報到，請及時與人力資源部聯繫並確定最終報到時間。未與本公司人力資源部聯繫並逾期不報到者，本「錄取通知書」將自動失效。

4.聯繫方式：

公司地址：_____；聯繫電話：_____

xx公司人力資源部　日期：__年__月__日

2.向錄用人員下發「錄用通知書」的同時，招聘主管應向參加面試考

表 5-4（續）

核但未被錄用的應聘者下發「辭謝通知書」，說明未錄取的原因。「辭謝通知書」書寫需做到措辭周到、妥當，語氣禮貌、委婉，並採用統一的表達方式。具體示例如下所示：

辭謝通知書示例

尊敬的＿＿＿先生/女士：

　　感謝您來我司參加＿＿＿＿＿＿＿＿＿＿職位的應聘。您在應聘過程中的良好表現給我們留下深刻的印象。

　　但由於名額有限，我們以筆試和面試的綜合測評成績為依據，擇優選出了前＿＿名應聘者，因而不能滿足您應聘的請求，請予以諒解。我們已將您的有關資料存檔並保留一年，在此期間，公司若有合適您的職位，我們會及時地與您聯繫。

　　再次感謝您對我司的關注和支持，祝您早日找到滿意的工作！

　　　　此致

敬禮

xxx有限公司人力資源部
＿年＿月＿日

第8條　錄用員工報到。

1.被錄用者必須在規定時間內持「錄用通知書」及要求攜帶的資料到公司報到，未在規定時間內報到者，取消其錄用資格。特殊情況經批准後可延期報到。

2.人力資源專員應對被錄用者報到時提交的資料的真實性、全面性進行審查，確保其屬實。如因資料不屬實給公司造成損失的，由人力資源與被錄用者共同承擔責任。

第9條　展開錄用面談。

新錄用員工進入公司後，公司應安排相關的負責人與其就工作業務、崗位職責、公司規章制度、公司文化、組織結構等進行溝通，借此加深公司與新錄用員工彼此了解。

表5-4（續）

1.選擇錄用面談的執行者。錄用面談執行者應根據招聘崗位的類型及級別確定，具體選擇標準如下表所示：

錄用面談執行者選擇標準

招聘人員類型	普通員工	基層管理人員	中層管理人員	高級管理人員
面談執行者	所在部門主管	所在部門經理	分管副總	總經理或董事長

2.錄用面談工作的技巧。

(1)錄用面談的氛圍必須是溫馨的，應給予新員工家的感覺。

(2)錄用面談應讓新員工多問、多談，使新員工有主人翁的感覺。

(3)錄用面談應讓新員工對新崗位有切實地了解。

3.錄用面談的注意事項。

(1)面談人員切忌以居高臨下的態度同新員工進行面談。

(2)面談人員切忌總是一個人做滔滔不絕地演說，而忽略新員工的意願和心理。

第四章　附則

第10條　本辦法由人力資源部負責制定，人力資源部對其保留一切修訂權和解釋權。

第11條　本辦法自頒發之日起生效並實施，並應根據實際工作情況每年修訂一次。

第12條　本辦法若與國家相關規定有衝突之處，則按國家有關規定執行。

編制日期		審核日期		批准日期	
修改標記		修改處數		修改日期	

5.4.3 員工入職引導管理辦法

員工入職引導管理辦法如表 5-5 所示：

表 5-5 員工入職引導管理辦法

制度名稱	員工入職引導管理制度		標　　號	
執行部門		監督部門		編修部門	

第1條　目的。

為達到以下三項目的，特制定本管理辦法：

1.規範新員工入職引導流程，完善公司入職管理體系。

2.引導新員工盡快掌握崗位工作的各項工作標準。

3.使新員工盡快熟悉企業文化，提高新員工對企業的歸屬感。

第2條　適用範圍。

本管理辦法適用於公司新招聘員工(試用期員工)的入職引導管理事項。

第3條　管理職責。

1.人力資源部是入職引導管理的歸口管理部門，主要負責對新員工進行統一培訓，並與用人部門一起指定入職引導人。

2.新員工所在部門為新員工指定入職引導人。

3.入職引導人負責對新員工進行入職引導，並與新員工一起制定月度工作計劃和總結。

第4條　入職引導原則。

在開展新員工入職引導工作時，人力資源部及用人部門應堅持下表所示的相關原則。

新員工入職引導原則

入職引導原則	原則說明
規範、統一原則	●新員工入職引導應按照崗位應知應會培訓要求，對新員工實施內容規範、統一的入職引導，以便在入職引導過程中正向傳遞公司選人、用人、培養人的積極觀念和有效方法

表 5-5(續)

幫助關懷原則	• 入職引導期間是新員工認識本公司和工作團隊的過程,也是新員工明確工作標準、統一理念的過程,因此,引導人必須時刻了解新員工的需求,給予其積極幫助和關懷
先易後難原則	• 由於新員工對崗位標準和必要的工作資源不熟悉,入職引導人應先給予簡單的任務,幫助其建立工作標準和安全感
激勵與考核並存原則	• 新員工入職初期,入職引導人應盡可能多地給予其肯定和激勵,發現其問題應及時予以提醒,並協助其解決 • 入職引導人應向新員工明確說明對其考核要求及考核標準,並協助新員工定期回顧其工作業績
及時回饋原則	• 入職引導人應將新員工的工作結果向其及時給予詳細、明確的回饋,避免訊息的不對稱和不及時

第5條 入職引導時間。

本公司入職引導時間共__天,引導時間需在試用期內。

第6條 入職引導內容。

新員工的入職引導內容分為兩部分,一部分是由人力資源部組織的企業文化等相關入職培訓,一部分為用人部門組織的關於崗位入職培訓的內容。具體說明如下所示:

1.人力資源部組織的入職引導培訓內容說明如下表所示:

人力資源部入職引導內容說明表

入職引導內容	內容說明
公司文化培訓	• 主要是公司簡介,包括公司歷史及公司各類品牌的發展史等
公司組織結構培訓	• 主要是說明公司各部門的組織結構、各職能部門之間的相互關係等
公司人事制度培訓	• 主要是公司員工的日常管理,包括日常行為規範、績效、薪酬、晉升、離職、培訓、請假銷假說明、勞動爭議及糾紛處理等

2.用人部門對新員工的入職引導內容說明如下表所示:

表5-5(續)

用人部門入職引導內容說明表

入職培訓內容	內容說明
崗位職責培訓	・主要向新員工說明崗位職責訊息，使員工明確自己所在崗位的作用及性質，需完成的工作任務等
崗位流程培訓	・主要是對新員工進行各項業務流程培訓，即向員工介紹各類工作業務的開展先後順序，以提高其工作效率
工作標準培訓	・主要是對新員工進行各項業務標準的培訓，包括工作目標、試用期工作考核標準、正式入職後的考核標準等
崗位技能培訓	・主要是根據員工工作崗位的性質，對其進行必備崗位技能培訓

第7條 入職引導流程。

1.人力資源部對新員工提供的相關證件及資料等進行審核，確認無誤後為其辦理入職手續。

2.人力資源部在__天內，對企業文化、企業組織結構、企業人事制度等進行培訓，並做好培訓紀錄。

3.用人部門與人力資源部協商為新員工指定入職引導人，負責新員工崗位職責、崗位流程、崗位技能和崗位工作標準的培訓。在指定入職引導人時，應保證入職引導人符合以下條件：

(1)入職半年以上，熟悉本公司發展歷程及相應的企業文化。

(2)熟悉本部門組織架構、掌握本崗位的業務知識，熱愛本職工作。

(3)有較強的工作責任感和愛心，開朗、自信，有一定溝通協調能力和語言表達能力。

4.用人部門的入職引導人在__日內，按規定對新入職員工進行入職引導培訓。

5.新員工引導期內，結合公司「績效管理辦法」，入職引導人應與新員工共同制訂月度工作計劃和總結，並安排不少於__次的工作交流回饋與業績評估，並留下交流評估紀錄。「工作交流評估表」如下表所示。

表5-5(續)

工作交流評估表

姓名		入職時間		崗位	
部門		面談時間		入職引導人	

通過溝通,我們在試用期達成以下目標:

1.我清晰地知道我的崗位工作職責是:

2.我們共同制定了每週的工作目標,其重點工作有:

3.當我遇到問題時,我知道誰能幫助我:

4.我取得的工作成績是:

5.我工作中存在的問題是:

6.在接下來一個月我的改進措施是:

注:新員工試用結束後,請將此表附上具體的入職培訓材料,交回人力資源部,放到員工的人力資源檔案中。我已經接受了以上的入職引導:_____

  6.新員工在試用期內,完成公司要求的崗位入職引導相關培訓,並提交__次「工作交流評估表」,可進行轉正考核。

 第8條 本辦法由人力資源部負責制定,人力資源部對其保留一切修訂權和解釋權。

 第9條 本辦法自頒發之日起生效並實施,並應根據實際工作情況每年修訂一次。

編制日期		審核日期		批准日期	
修改標記		修改處數		修改日期	

5.4.4 員工試用轉正管理辦法

員工試用轉正管理辦法如表 5-6 所示：

表 5-6 員工試用轉正管理辦法

制度名稱	員工試用轉正管理制度	編　號	
執行部門		監督部門		編修部門	

第1條　目的。

為完善試用期員工的轉正管理，明確公司用人標準，滿足公司用人需求，特制定本辦法。

第2條　適用範圍。

本辦法適用於本公司新員工試用期滿後的轉正管理工作。

第3條　轉正申請與審批。

1.試用員工的直接上級需按照試用期員工考核方案的要求推進考核工作，協助員工填寫「試用期月度報告表」。

2.員工試用期滿前＿天，人事事務專員應通知員工及所在部門進行轉正考核。由試用員工的直接上級填寫「試用期員工考核表」，寫明試用員工考核情況。

3.試用員工經考核合格，並完成入職培訓的全部內容後，人事事務專員應指導其填寫「員工轉正申請審批表」和「試用期工作總結」。試用員工應將「員工轉正申請審批表」和「試用期工作總結」報直接上級、所在部門負責人、人力資源部經理審核。人力資源經理根據員工崗位將試用員工的「員工轉正申請審批表」和「試用期工作總結」報人力資源總監、主管副總、總經理審批。

4.試用員工工作表現突出，用人部門負責人可提出縮短試用期，但試用期最少不少於＿個月。

5.對通過轉正審批的員工，人事事務專員應及時發放「轉正通知書」。

6.對未通過轉正審批的員工，人事事務專員應及時將審批意見回饋至未通過轉正審批員工所在部門，並由人力資源部經理、用人部門負責人等與未通過轉正審批員工進行面談，辦理辭退手續或進行其他安排。

表 5-6（續）

第4條 轉正面談。

1.公司根據員工試用期工作總結與員工進行轉正面談。轉正面談內容包括對試用員工在工作中取得的成績與需改進的地方進行點評，就員工下一步工作計劃與期望進行交流等。轉正面談時間通常為轉正後__個工作日內。

2.人力資源部組織相關人員進行轉正面談，具體人員安排如下圖所示：

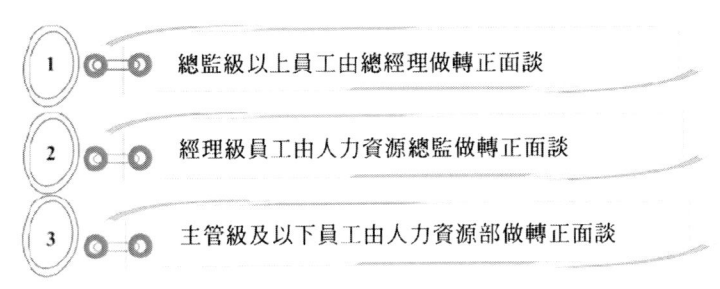

① —— 總監級以上員工由總經理做轉正面談

② —— 經理級員工由人力資源總監做轉正面談

③ —— 主管級及以下員工由人力資源部做轉正面談

轉正面談人員安排

第5條 試用員工訊息變更。

轉正面談後，薪酬專員應根據轉正面談及轉正審批情況，變更試用員工工資、崗位等訊息，並將變更後的資訊通知員工本人。

第6條 轉正資料管理。

1.試用員工轉正資料包括「試用期月度報告表」「試用期員工考核表」「試用期工作總結」「員工轉正申請審批表」等。

2.人事事務專員應將試用員工轉正資料存入員工檔案，並及時更新員工檔案。

第7條 特殊情況的處理。

1.員工試用期一般為__個月，特殊人員及表現突出者經總經理批准可縮短其試用期。

2.需延長試用期的員工繼續按月填寫「試用期員工月度報告表」（延長時間不得超過__個月）。延長試用期滿前__天，員工應按公司規定程序辦理轉正審批手續。

3.使用期滿，未按規定辦理轉正審批手續的，試用期自動延長至審批

表5-6(續)

手續辦理結束之日。					
第8條 本辦法由人力資源部制定、解釋與修訂。					
第9條 本辦法經總經理批准後實施。					
編制日期		審核日期		批准日期	
修改標記		修改處數		修改日期	

第 6 章 培訓管理業務·流程·標準·制度

6.1 培訓管理業務模型

6.1.1 培訓管理業務工作心智圖

人力資源部在培訓前應進行培訓需求分析，制訂培訓計劃，確定培訓費用項目，培訓過程中要按要求組織實施培訓，培訓後應進行培訓效果評估。培訓管理業務的工作心智圖如圖 6-1 所示：

管理方向	內容說明	相關審核人員
培訓需求分析	• 通過培訓調查，對員工的知識結構、技能狀況等進行鑒別與分析，確定員工是否需要培訓及需要何種培訓等	★ 人力資源部經理進行審核 ★ 公司總經理進行審批
培訓計劃制訂	• 對培訓的具體安排和部署，包括確定培訓時間、培訓項目、培訓人員、培訓方法等	★ 人力資源部經理進行審核 ★ 公司總經理進行審批
培訓的組織與實施	• 實施培訓計劃並對實施過程進行監控管理的過程，管理內容包括培訓場地布置與維護、培訓現場管理、培訓紀律管理、培訓人員管理等	★ 人力資源部經理進行審核 ★ 公司總經理進行審批
培訓效果評估	• 通過對培訓對象、培訓講師、培訓對象的工作領導進行調查，分析經過培訓後培訓對象是否改正了要改善的地方，工作是否得到了改良等	★ 培訓對象的上級領導、人力資源部經理審核 ★ 公司總經理進行審批
培訓費用管理	• 對企業培訓成本進行預算、核算，對培訓成本費用支出進行控制等方面的管理	★ 人力資源部經理、財務部經理審核 ★ 公司總經理進行審批

圖 6-1 培訓管理業務工作心智圖

6.1.2 培訓管理主要工作職責

企業培訓管理工作主要由人力資源部負責，受訓員工須積極地參與到培訓的過程中，而受訓員工所在部門負責人須配合人力資源部做好受訓員工受訓期間工作的安排等工作。人力資源部主要職責說明如表 6-1 所示。

表 6-1 培訓管理工作職責說明表

工作職責	職責具體說明
建立完善培訓體系	1.根據企業現狀及人力資源發展方向等建立並完善人才獲取及培養的管道、策略及方法，使之成為培訓體系 2.根據市場及企業條件的變化等對企業培訓體系進行完善，及時更新企業培訓的內容及方法，以提高培訓的積極心，增強培訓的效果
調查培訓需求	1.對企業員工的培訓需求進行調查、分析，明確培訓內容 2.根據培訓需求調查結果及企業經營狀況編寫培訓需求調查報告，經上級領導審批後，根據其審批意見開展培訓工作
制訂培訓計劃	1.根據培訓需求調查結果制訂企業全體員工的培訓計劃，待計劃通過後組織執行 2.根據培訓條件及資源的變化等對培訓計劃進行修訂，以保證良好的培訓效果
培訓講師的管理	對企業內部的培訓講師進行監督與管理，定期對培訓講師進行培訓，以提高期培訓技能和培訓水平
研發與製作培訓課程	1.根據培訓需求及培訓內容等設計實用的培訓課程和新穎的培訓課件，必要時可組織開發網路課程與課件，確保培訓方式多樣化和培訓的吸引力 2.根據培訓內容開發培訓課程腳本 3.控制腳本品質，對課程腳本進行檢測和試運行，並編寫檢測報告，以提高培訓腳本及課件的培訓品質 4.根據培訓實施情況及時對培訓課程進行修改和完善
培訓資源的管理	1.根據企業培訓需求和場地要求做好培訓場地選擇工作，要既滿足培訓需要又控制培訓的成本 2.培訓後，做好培訓場地的清場工作，並對場地進行定期檢查與維護 3.定期對培訓設備進行保養與維修；根據培訓需求協助採購部進行培訓設備選型與採購，確保所選設備的類型和型號符合企業培訓要求 4.及時整理培訓過程中產生的各類培訓資料

表6-1(續)

培訓評估與回饋	1.對培訓課程內容及培訓進度進行評估,評估培訓者的工作效率及成果 2.對學員的學習情況、各部門的培訓效果進行評估,了解學員培訓成果 3.收集評估資訊,分析數據,並製作評估數據庫 4.對培訓師、上下級及同事等的反饋意見進行評估 5.對各類反饋資訊進行總結、分析,並將分析結果反饋至相關部門及領導
控制培訓成本	1.了解培訓成本的開支範圍,對培訓方案實施費用和培訓管理費用進行合理預算並加以控制 2.制訂成本控制計劃,確定成本控制的要點,並對其執行過程進行跟蹤管理
培訓檔案的管理	1.對培訓相關各類檔案資料進行收集、整理、分類、歸檔、保管、維護 2.負責培訓檔案的目錄編制及借閱管理工作,並及時進行更新

6.2 培訓管理流程

6.2.1 主要流程設計心智圖

培訓管理流程可以根據培訓管理業務工作心智圖,從培訓需求管理、培訓計劃管理、培訓實施管理、培訓評估管理、培訓費用管理五個方面進行設計,具體可設計如下流程,如圖6-2所示。

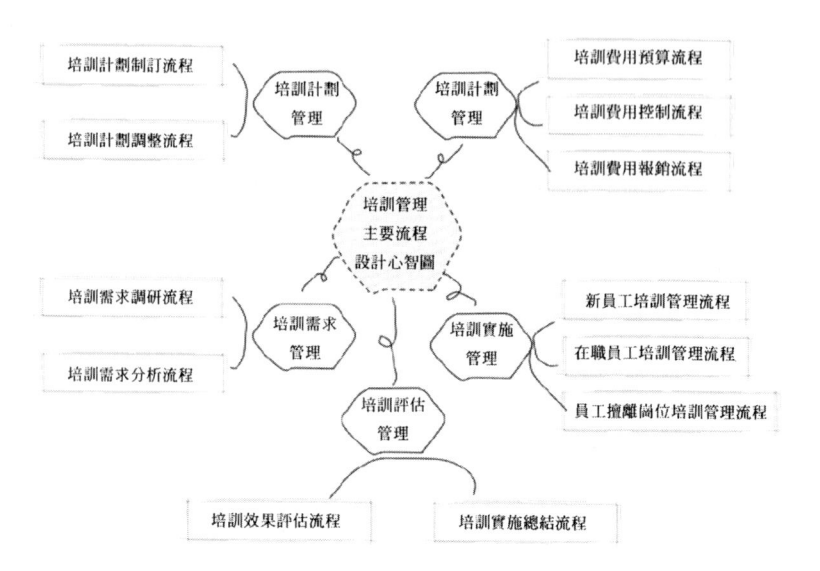

圖 6-2 培訓管理主要流程設計心智圖

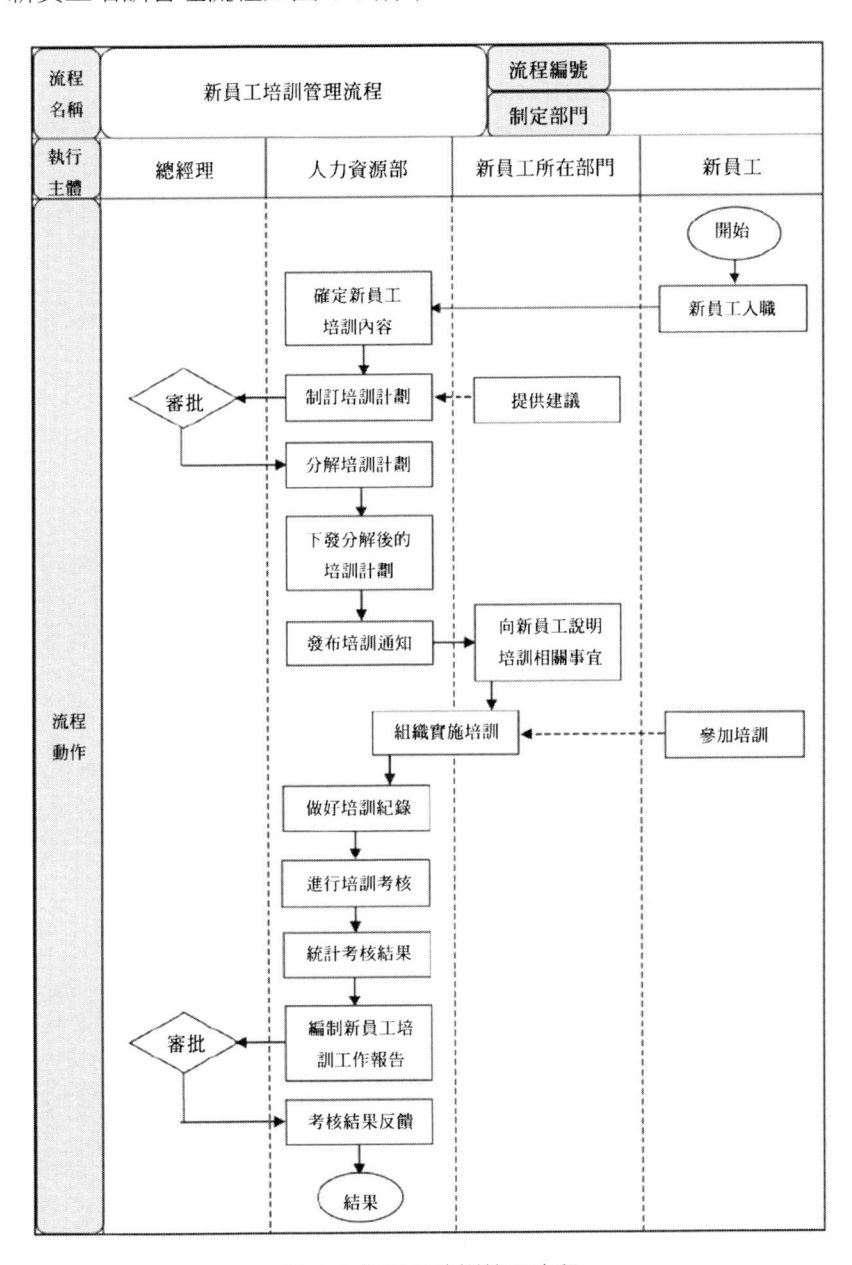

6.2.2 新員工培訓管理流程

新員工培訓管理流程如圖 6-3 所示：

流程名稱	新員工培訓管理流程		流程編號	
			制定部門	
執行主體	總經理	人力資源部	新員工所在部門	新員工
流程動作	審批 審批	確定新員工培訓內容 制訂培訓計劃 分解培訓計劃 下發分解後的培訓計劃 發布培訓通知 做好培訓紀錄 進行培訓考核 統計考核結果 編制新員工培訓工作報告 考核結果反饋	提供建議 向新員工說明培訓相關事宜 組織實施培訓 結果	開始 新員工入職 參加培訓

圖 6-3 新員工培訓管理流程

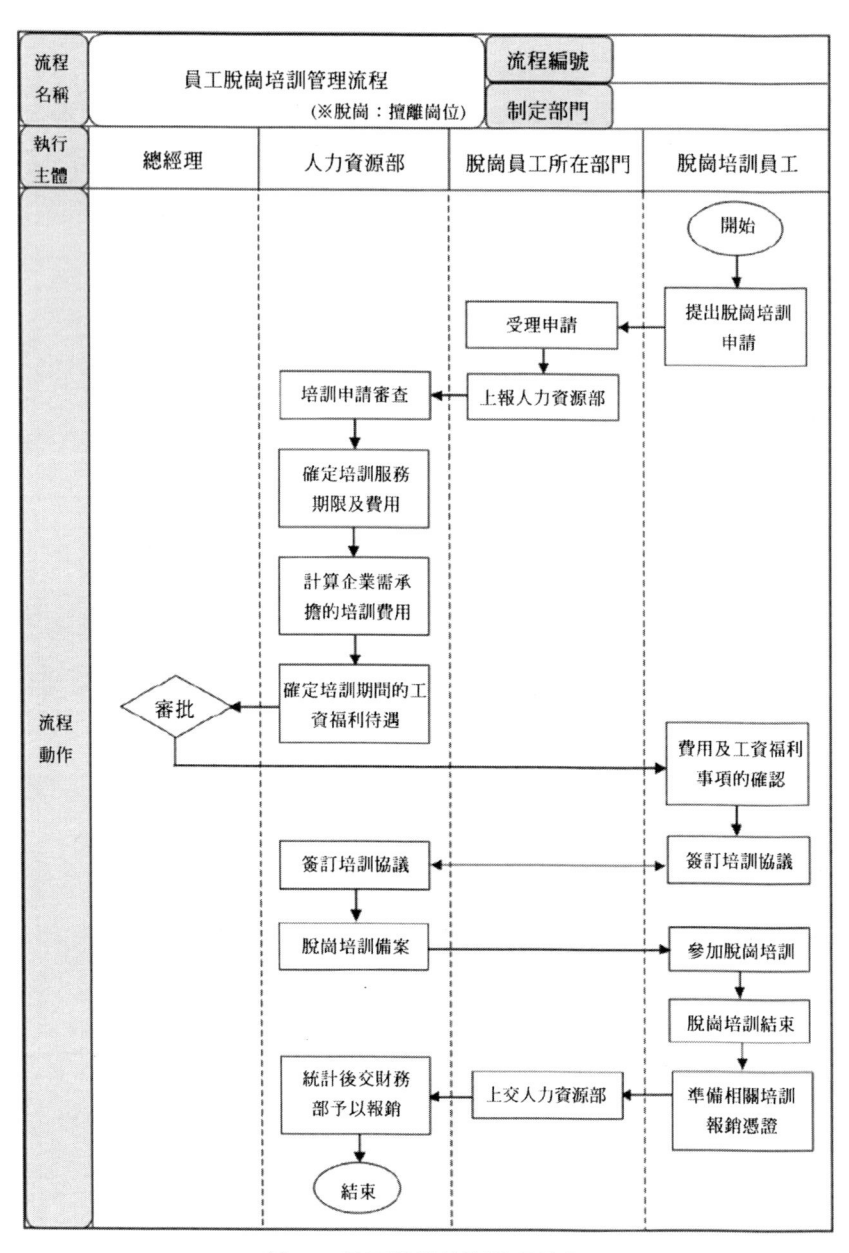

6.2.3 員工脫崗培訓管理流程

員工脫崗培訓管理流程如圖 6-4 所示：

流程名稱	員工脫崗培訓管理流程 (※脫崗：擅離崗位)		流程編號	
執行主體	總經理	人力資源部	脫崗員工所在部門	脫崗培訓員工
流程動作				

```
                                              開始
                                                ↓
                                          提出脫崗培訓申請
                                                ↓
                          受理申請 ← ─────────────
                                ↓
                          上報人力資源部
                                ↓
              培訓申請審查
                    ↓
              確定培訓服務
              期限及費用
                    ↓
              計算企業需承
              擔的培訓費用
                    ↓
              確定培訓期間的工
              資福利待遇
                    ↓
        審批 ←─────
                                                      費用及工資福利
                                                      事項的確認
                                                            ↓
              簽訂培訓協議 ←──────────────────→ 簽訂培訓協議
                    ↓
              脫崗培訓備案 ─────────────────→ 參加脫崗培訓
                                                            ↓
                                                      脫崗培訓結束
                                                            ↓
              統計後交財務  ← 上交人力資源部 ←    準備相關培訓
              部予以報銷                            報銷憑證
                    ↓
                  結束
```

圖 6-4 員工脫崗培訓管理流程

6.2 培訓管理流程

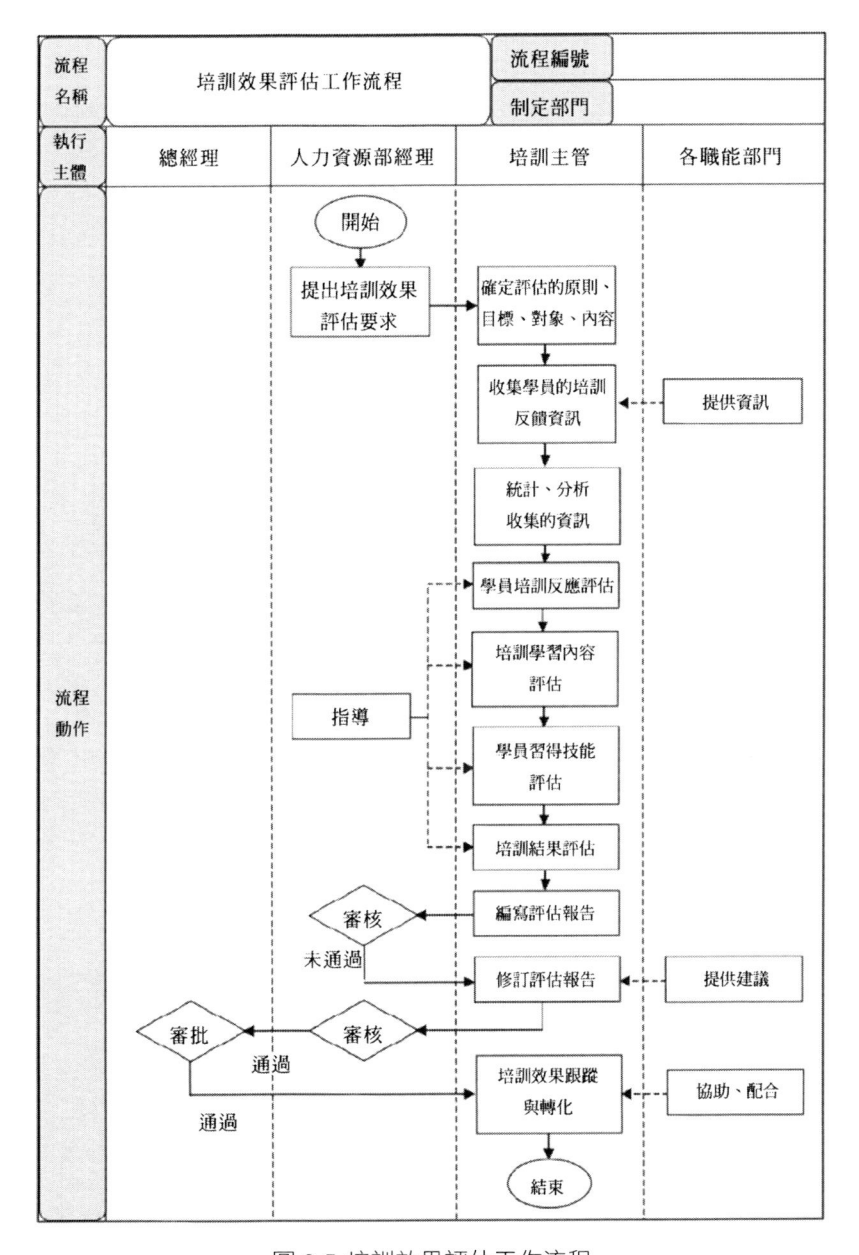

6.2.4 培訓效果評估工作流程

培訓效果評估工作流程如圖 6-5 所示：

流程名稱	培訓效果評估工作流程		流程編號	
			制定部門	
執行主體	總經理	人力資源部經理	培訓主管	各職能部門
流程動作	審批←通過	開始→提出培訓效果評估要求；指導；審核（未通過／通過）	確定評估的原則、目標、對象、內容→收集學員的培訓反饋資訊→統計、分析收集的資訊→學員培訓反應評估→培訓學習內容評估→學員習得技能評估→培訓結果評估→編寫評估報告→修訂評估報告→培訓效果跟蹤與轉化→結束	提供資訊；提供建議；協助、配合

圖 6-5 培訓效果評估工作流程

131

6.3 培訓管理標準

6.3.1 員工培訓管理業務工作標準

企業在設計員工培訓管理業務工作標準時，可以從培訓體系、培訓準備、培訓實施、培訓評估、培訓課程研發、培訓成本等處著手，確定各項工作的工作規範及工作目標。根據以上設計方向，企業員工培訓管理各工作事項的工作標準如表 6-2 所示：

表 6-2 員工培訓管理業務工作標準

工作事項	工作依據與規範	工作成果或目標
培訓制度體系管理	• 人力資源管理制度、企業策略發展規劃、企業內部管理規劃、企業制度體系等	(1)培訓制度體系完善 (2)培訓制度有效執行
培訓準備	• 員工培訓管理制度、培訓準備工作規範、培訓會場布置管理規範、培訓調查數據、培訓需求分析報告、培訓規劃等	(1)培訓需求調查率達到__% (2)培訓計劃編制及時率達到100%
培訓實施	• 培訓計劃、培訓人數、培訓場地情況、培訓實施流程、培訓異常處理制度等	(1)培訓異常處理及時率達到100% (2)培訓計劃完成率達到100% (3)培訓參與率達到100%
培訓效果評估反饋	• 培訓效果調查數據、培訓師的回饋、培訓工作總結報告、培訓紀錄、培訓考核情況	(1)評估報告一次性通過率達到100% (2)培訓考核合格率達到100%
培訓課程研發	• 培訓課程研發管理制度、培訓課程審批流程、現有培訓課程、現有培訓資料、各部門的培訓需求	(1)課程開發任務完成率達到100% (2)課程設計通過率達到100%
培訓成本控制	• 培訓預算、培訓計劃、培訓費用明細表	(1)培訓預算達成率達到__% (2)培訓預算節約率達到__%

6.3.2 員工培訓管理業務績效標準

員工培訓管理業務的績效標準如表 6-3 所示：

表 6-3 員工培訓管理業務績效標準

工作事項	評估指標	評估標準
培訓制度體系	培訓制度執行情況	1.培訓人員嚴格按照培訓制度開展各項培訓工作 2.考核期內，每出現1次違反制度規定的情況，扣__分；扣完為止
	培訓體系完善率	1.培訓體系完善率 = $\frac{培訓體系實際包含項目數}{培訓體系計劃包含項目數} \times 100\%$ 2.培訓體系完善率應達到__%，每降低__個百分點，扣__分；低於__%，本項不得分
培訓計劃達成情況	培訓需求調查率	1.培訓需求調查率 = $\frac{進行培訓需求調查的次數}{培訓的總次數} \times 100\%$ 2.培訓需求調查率應達到__%，每降低__個百分點，扣__分；低於__%，本項不得分
	培訓計劃完成率	1.培訓計劃完成率 = $\frac{考核期內完成培訓的次數}{考核期內計劃培訓次數} \times 100\%$ 2.培訓計劃完成率應達到__%，每降低__個百分點，扣__分；低於__%，本項不得分
	人均培訓時數	1.考核期內，平均每位員工接受培訓的時數不少於__課時 2.考核期內，每低於__課時，該項扣__分，指標值低於__課時，該項不得分
	培訓參與率	1.培訓參與率 = $\frac{參加培訓的員工數}{計劃參加培訓的員工數} \times 100\%$ 2.培訓參與率應達到__%，每降低__個百分點，扣__分；低於__%，本項不得分
培訓課程研發情況	課程開發任務完成率	1.課程開發任務完成率 = $\frac{實際完成的課程開發任務量}{課程開發任務總量} \times 100\%$ 2.課程開發任務完成率達到__%，每降低__%，扣__分；低於__%，本項不得分

表6-3（續）

	課程設計通過率	1.課程設計通過率 = $\dfrac{通過的課程項目數量}{設計課程項目總數} \times 100\%$ 2.課程設計通過率達到__%，每降低__個百分點，扣__分；低於__%，本項不得分
培訓評估回饋管理	培訓考核按時完成率	1.培訓考核按時完成率 = $\dfrac{培訓考核按時完成次數}{培訓總次數}$ 2.培訓考核按時完成率達到__%，每降低__%，扣__分；低於__%，本項不得分
	培訓效果反饋及時率	1.培訓效果反饋及時率 = $\dfrac{及時反饋培訓效果的次數}{培訓的次數} \times 100\%$ 2.培訓效果反饋及時率達到__%，每降低__個百分點，扣__分；低於__%，本項不得分
	受訓人員滿意度	1.受訓人員滿意度評分的算術平均分 2.受訓人員滿意度評分應達到__%，每降低__分，該項扣__分；低於__%，本項不得分
培訓成本管理	培訓成本控制率	1.培訓成本控制率 = $\dfrac{培訓成本實際支出額}{培訓成本預算額} \times 100\%$ 2.培訓成本控制率低於__%，每增加__個百分點，扣__分；高於__%，本項不得分

6.4 培訓管理制度

6.4.1 制度解決問題心智圖

企業培訓管理過程中出現的主要問題有培訓流程不合理、培訓效率低下、培訓效果不理想等，為有效解決以上問題，人力資源部應制訂培訓管理制度。培訓管理制度具體能夠解決的問題，如圖 6-6 所示。

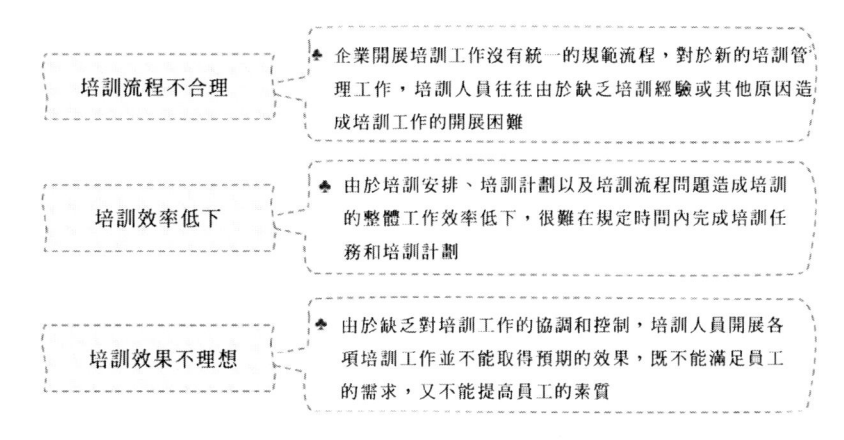

| 培訓流程不合理 | ♣ 企業開展培訓工作沒有統一的規範流程，對於新的培訓管理工作，培訓人員往往由於缺乏培訓經驗或其他原因造成培訓工作的開展困難 |

| 培訓效率低下 | ♣ 由於培訓安排、培訓計劃以及培訓流程問題造成培訓的整體工作效率低下，很難在規定時間內完成培訓任務和培訓計劃 |

| 培訓效果不理想 | ♣ 由於缺乏對培訓工作的協調和控制，培訓人員開展各項培訓工作並不能取得預期的效果，既不能滿足員工的需求，又不能提高員工的素質 |

圖6-6 培訓管理制度解決問題導圖

6.4.2 員工培訓管理制度

員工培訓管理制度如表6-4所示：

表6-4 員工培訓管理制度

制度名稱	員工培訓管理制度	編　　號	
執行部門		監督部門		編修部門	

第一章　總則

第1條　目的

為了規範公司員工的培訓管理，提高公司員工的綜合能力和工作業績，特制訂本制度。

第2條　適用範圍。

本制度適用於公司所有在職人員的培訓管理。

第二章　培訓目標

第3條　總目標。

傳遞公司文化和公司價值觀，全面提升員工整體素質和崗位工作技能，提高團隊整體素質與工作效率，使所有公司員工受訓率達到100%，培訓效果

表6-4(續)

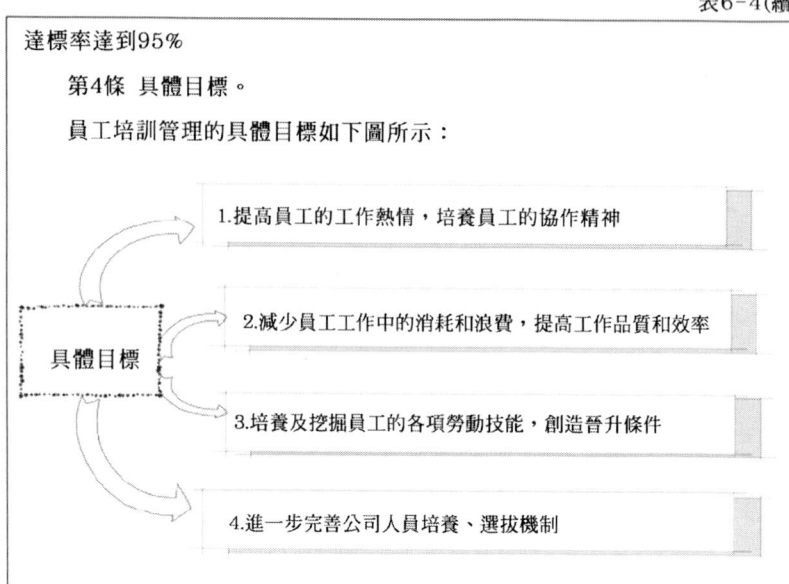

達標率達到95%

　　第4條　具體目標。

　　員工培訓管理的具體目標如下圖所示：

```
                ┌─ 1.提高員工的工作熱情，培養員工的協作精神
                │
                ├─ 2.減少員工工作中的消耗和浪費，提高工作品質和效率
  具體目標 ─────┤
                ├─ 3.培養及挖掘員工的各項勞動技能，創造晉升條件
                │
                └─ 4.進一步完善公司人員培養、選拔機制
```

員工培訓管理的具體目標

第三張　培訓實施管理

　　第5條　培訓需求的提出。

　　培訓需求的提出，主要有個人提交、部門提交、人力資源部統一安排三種方式，具體如下表所示：

培訓需求提出方式說明表

形式	說明
個人提交	◎ 員工將自己的培訓需求交至所屬部門經理，部門經理將部門人員培訓需求匯總交至人力資源部
部門提交	◎ 公司各職能部門根據部門工作的需要，在年末提出下一年度所屬員工的培訓計劃，報人力資源部審批
人力資源部統一安排	◎ 人力資源部每年年末根據公司策略發展的需要，制訂下一年度員工的培訓計劃，報總經理審批後實施

　　第6條　培訓講師的確定。

表6-4(續)

在職員工培訓的講師可以從培訓課程的內容和培訓講師的資歷兩方面來選擇。

1.如果是專業技術或新技術的培訓，經驗豐富的技術人員、技術部經理、相應領域的技術專家是培訓講師的首要人選；如果是公共課和技術普及類課程，人力資源部經理、培訓機構的專職培訓講師則是合適的人選。

2.培訓講師的資歷也很重要，擁有豐富的教學經驗並熟練掌握一種或多種專業技術的講師，是技術培訓講師的首選。一般來說，技術培訓的講師都是在某個領域擁有一定技術經驗的專家或教授。

第7條 培訓進度的安排。

在對在職員工實施培訓前，人力資源部應事先做好培訓進度的安排，並規劃出每個階段的具體工作和負責人。

第8條 培訓資源的準備。

1.在培訓實施前，培訓講師應將在培訓中所需的培訓課件、文件、資料等準備齊全。

2.在培訓實施過程中，會用在投影機、幻燈機、麥克風等設備，在培訓實施前，要將這些設備的準備工作落實到位，以保證培訓工作的正常進行。

第9條 培訓課程的開展。

培訓講師負責根據培訓計劃開展培訓課程，人力資源專員負責協助做好培訓秩序的維護、培訓紀錄的填寫等相關工作。

第四章 培訓紀律管理

第10條 培訓請假。

公司員工在培訓期間不得隨意請假，如有特殊原因，須經所在部門經理審批，並將相關證明文件交至人力資源部，否則以曠工論處。

第11條 培訓簽到。

1.學員應按時參加公司組織培訓並在培訓簽到表上簽到，如未簽到視同曠工。「培訓人員簽到表」如下表所示。

表6-4(續)

培訓人員簽到表

培訓時間		培訓地點	
培訓內容		培訓講師	

培訓學員簽到

序號	簽到時間	簽退時間	簽到人
1			
2			
備註			

第12條 培訓課堂紀律。

1.公司員工在培訓期間應遵守課堂紀律，上課期間認真聽講，做好筆記，嚴禁大聲喧嘩、交頭接耳。

2.公司員工在參加培訓時，上課不得吸菸，手機應調至靜音或震動狀態，以免影響培訓進行。

第13條 培訓交流管理。

參加培訓時，公司員工應尊重講師和工作人員，團結學員，相互交流，共同提高，並認真填寫並上交各種調查表格。

第14條 培訓獎懲。

1.培訓員工在培訓期間無故遲到、早退累計時間在__～__分鐘者以曠工半天論處；超過__個小時者，以曠工1天論處；遲到情節嚴重者，記過1次。

2.培訓學員參加培訓期間時有違反上述其他行為之一的，依具體情節和後果的嚴重性，對其進行停職、降薪、調職、記過、除名等相應的處罰。

第5章 培訓考核管理

第15條 考核方式。

培訓結束後，人力資源部應組織相關人員對培訓員工的培訓結果進行考

表6-4(續)

核,考核主要以筆試考核和實操考核兩種方式進行。

　　第16條　考核結果管理。

　　培訓員工的考核結果分為四個等級,具體標準及相應的人事政策見下表:

考核結果評定一覽表

等級	標準	人事政策
A	80分以上	良好,公司對其重點培養
B	70～79分	合格,公司需對其繼續培養
C	60～69分	再次進行培訓

第六章　培訓評估總結

　　第17條　培訓效果評估。

　　1.培訓結束後__日內,人力資源部應組織人員對培訓效果進行評估,採取的方式可以是問卷調查、考試、實地操作等。

　　2.培訓效果的評估主要從員工工作主動性、工作滿意度、工作質量、消耗成本和時間等方面進行考核。

　　3.評估結束後,人力資源主管應將相關的評估數據進行整理,形成培訓效果評估報告,交由人力資源經理和人力資源總監審核。

　　第18條　培訓總結。

　　人力資源主管應組織相關人員對培訓工作的實施情況進行總結,發現其中的缺點與不足,並制定有效的解決措施,為公司培訓工作質量的改進提供依據。

第七章　培訓檔案管理

　　第19條　建立培訓檔案。

　　人力資源部應建立員工培訓檔案,將員工接受培訓的具體情況和培訓結果詳細紀錄備案,具體包括培訓時間、培訓地點、培訓內容、培訓目的、培訓效果自我評價、培訓考核成績等,作為員工崗位輪換、晉升、降

表6-4(續)

職等的依據。

第20條 培訓檔案更新。

人力資源部應對員工培訓檔案進行更新，隨時補充員工培訓資料，以保證員工和公司培訓檔案的完整性，方便了解公司員工的進步狀態等。

第八章 附則

第21條 本制度的擬訂和修改由人力資源部負責，報總經理審批通過後執行。

第22條 本制度的最終解釋權歸公司人力資源部。

編制日期		審核日期		批准日期	
修改標記		修改處數		修改日期	

6.4.3 培訓外包管理制度

培訓外包管理制度如表6-5所示：

表6-5 培訓外包管理制度

制度名稱	培訓外包管理制度	編　　號	
執行部門		監督部門		編修部門	

第1條 目的。

為了規範公司培訓外包管理工作，促進公司培訓目標的完成，特制定本制度。

第2條 適用範圍。

本制度適用於公司外部培訓方式確定、外包項目確定、外包機構選擇、外包培訓實施、外包培訓評估等工作。

第3條 術語解釋。

培訓外包是指企業為使培訓活動以更低的費用、更好地管理、更佳的成本效益進行，而選擇將相關培訓的一些職能外包給專業的培訓機構的行為。

表6-5(續)

第4條 管理職責。

　　1.公司總經理負責對培訓外包事宜進行全面管理和監控，對培訓外包的相關事項進行審批和決策。

　　2.人力資源部負責具體的培訓外包事宜，包括外包培訓需求調查、確定培訓外包項目、選擇培訓外包機構、評估培訓效果、分析和測算培訓外包費用等。

　　3.培訓外包機構負責為本公司設計培訓課程及培訓日程，對本公司員工進行培訓，與人力資源部溝通協商相關的培訓事宜，以保證培訓內容的適用性等。

第5條 培訓需求收集與分析

　　人力資源部應首先對公司內各部門員工的培訓需求進行調查和統計，根據統計結果分析是否需要進行培訓外包等。通常，培訓外部的適用情況包括如下四種情形：

　　1.公司內部培訓的針對性不強致使培訓成本過高。

　　2.公司內部培訓講師能力有限，難以保證培訓效果。

　　3.內部培訓風險較大，且短期內較難保證課程質量。

　　4.受訓人員文化程度等不同，內部培訓工作難以開展。

第6條 編寫外包分析報告。

　　人力資源部應根據分析結果及培訓外包適用情形編寫培訓需求外包分析報告，交由公司總經理進行審核審批，並根據總經理的審批意見組織開展相關培訓外包事宜。

第7條 確定培訓外包項目。

　　1.在確定培訓外包項目時，人力資源部應根據現有培訓工作人員的能力以及特定培訓計劃的成本而定。當公司處在急速發展期且急需培訓員工時，可以適當考慮外包某些或全部培訓項目；當公司處於精簡狀態時，可以將整個培訓職能外包出去，或將培訓職能的部分內容外包出去。

　　2.培訓外包工作確定後，人力資源部應將外包工作項目進行整理匯總，交由公司總經理進行審核確認。

第8條 選擇培訓外包機構。

表6-5(續)

1.在選擇培訓外包機構時，人力資源部應參照以下標準：

培訓外包機構評價標準說明表

評價標準	評價標準說明
名聲及經驗標準	• 人力資源部應取得培訓外包機構相應證明人名單，對培訓外包機構的聲譽及經驗指數進行全面的調查，以確定是否符合本公司的培訓標準等
業績數據標準	• 人力資源部應對培訓外包機構的專業及業務活動水平等進行全面考察，確認培訓外包機構是否有長期的、有效益的業績
培訓能力標準	• 人力資源部應對培訓外包機構的相關培訓講師的培訓能力進行核實，以確定其是否擁有良好的培訓團隊
共享價值觀標準	• 人力資源部映像培訓外包機構詳細介紹本公司的價值觀和企業文化，確保培訓外包機構能按照本公司的價值觀要求對員工進行培訓

2.人力資源部應按照標準對相關培訓機構進行篩選，並擬訂出合適的培訓機構名單，並說明各個培訓機構的優劣，交由公司總經理進行決策。

第9條 起草外包培訓計畫書。

1.公司總經理確定好培訓外包機構後，人力資源部起草初步的培訓計劃書，與培訓外包機構進行洽談。

2.在起草培訓計劃書時，人力資源部應廣泛徵求公司各部門的培訓意見和建議，確保所起草的培訓計劃能夠符合公司培訓的要求。

第10條 修訂外包培訓計劃書。

與培訓外包機構進行洽談後，人力資源部應根據培訓外包機構的相關意見對培訓計劃書進行修訂與完善，以達成培訓外包目的。

第11條 簽訂外包合同。

1.培訓外包計劃制訂後，人力資源部應向公司總經理匯報外包洽談的相關事宜，並與培訓外包機構簽訂培訓外包合同。

2.簽訂合同時，公司財務部應首先對合同進行審查，確定合同中是否存在財務問題及具體的收費標準、合同相關條款是否與公司的時間要求相一致。

表6-5(續)

第12條 培訓溝通。

人力資源部應與培訓外包機構進行持續不斷的溝通,以保證培訓外包機構按照本公司的培訓理念培訓要求開展各項培訓工作。

第13條 培訓實施。

1.在對本公司員工時師培訓時,人力資源部應協助外部培訓機構做好培訓準備工作,包括培訓需求調查、培訓課程設計、培訓通知與宣傳、培訓場地布置、培訓資料發放等工作。

2.在培訓過程中,人力資源部應協助外部機構維護培訓紀律,督促培訓人員做好培訓紀錄,以確保培訓工作順利進行。

第14條 培訓效果及培訓外包機構評估。

1.外包培訓效果評估。

(1)人力資源部應在外包培訓結束後__日內在受訓人員內部開展培訓調查工作,確認員工在培訓中的主要收穫和感受以及這種培訓方法、方式是否適合本公司的培訓要求等。

(2)人力資源部應建立培訓跟蹤檔案,持續跟蹤培訓效果。

2.培訓外包機構評估。

人力資源部應根據受訓人員對培訓外包機構、培訓講師的培訓反饋意見確認其培訓能力以及其培訓方法是否能夠適應企業的培訓需求和環境等,並編寫培訓外包機構評估報告交由公司總經理進行審批。

人力資源部根據公司總經理的審批意見確定是否與培訓外包機構繼續保持合作,如需要繼續保持,應向培訓外包機構說明培訓工作的相關改進方向等,以取得更好的培訓效果。

第15條 本制度由人力資源部負責制定和修改。

第16條 本制度自公司總經理審批通過後執行

編制日期		審核日期		批准日期	
修改標記		修改處數		修改日期	

6.4.4 出國培訓管理制度

出國培訓管理制度如表 6-6 所示：

表 6-6 出國培訓管理制度

制度名稱	出國培訓管理制度	編　　號	
執行部門		監督部門		編修部門	

第1條　目的。

為了規範出國培訓程序，提高受訓人員的工作技能和工作水平，保證受訓人員在出國培訓期間的人身安全等，特制定本制度。

第2條　適用範圍。

本制度適用於出國參加各類培訓的正式員工。

第3條　管理職責。

1.公司總經理負責對公司出國培訓事宜進行全面管理和監控，並做出合理的培訓決策。

2.人力資源部負責向公司各部門下發出國培訓的通知，協助各部門安排出國參加培訓人員，並做好出國培訓的工作人員的安全管理工作。

3.公司各部門在接到人力資源部下發的出國培訓通知後，應及時安排出國培訓人員，以免延誤出國培訓的時間等。

第4條　出國培訓需求調研。

1.人力資源部應在公司內部開展出國培訓需求調研，確定確實需要進行出國培訓的各崗位。

2.內部調研結束後，人力資源部應進行外部市場調研，確定本行業其他公司常去參加培訓的外國公司、培訓機構等。

3.調研工作結束後，人力資源部應編制出國培訓調研報告，交由公司總經理進行審核審批。

第5條　下發出國培訓通知。

人力資源部根據公司總經理對調研報告的審批意見向各部門下發出國培訓的通知。通知中應明確說明各部門需要參加培訓的崗位、出國培訓時間和培訓地點等。

6.4 培訓管理制度

表6-6(續)

第6條 確定出國參加培訓人選。

各部門收到出國培訓通知後,應在第一時間內確定需要參加出國培訓的人員,並參加培訓的人員做好溝通工作,以便其做好工作交接和家屬安排工作等。

第7條 統計出國培訓人員名單。

各部門安排好出國參加培訓人員後,應將相應的名單交於人力資源部。人力資源部對名單進行統計匯總後,將其交由公司總經理進行審核確認。

第8條 安排出國培訓事宜。

出國培訓人員名單確定後,人力資源部應著手安排出國培訓事宜,包括預算出國培訓費用、預訂出國培訓機票與酒店、事先與培訓機構取得聯繫等。

第9條 參加培訓。

人力資源部組織公司參加培訓人員出國參加培訓,並做好受訓人員在培訓期間的培訓服務工作,以便於受訓人員取得積極的培訓效果。

第10條 出國培訓費用管理。

公司為受訓人員提供相關培訓費用,包括交通費、住宿費、餐飲費、通話費等。受訓人員受訓期間在國外購買商品等消費品的費用由受訓人員個人自行承擔。

第11條 其他事項管理。

受訓人員在出國培訓期間,應嚴格遵守以下規定:

1.在出國培訓期間必須嚴格遵守受訓團隊的整體作息時間,避免影響培訓的整體進度。

2.不得私自脫離團隊,確有事情需要處理時,應向人力資源部人員提前請假,並定點匯報自己的行蹤,以使人力資源部人員確定團隊成員的安全。

3.培訓期間應認真聽講,並將手機等通訊工具調至靜音或震動狀態。

4.文明出行,行走之間應注意自己的言行舉止,以樹立良好的企業形象和國家形象。

第12條 本制度由人力資源部負責制定和修改。

第13條 本制度自公司總經理審批通過後執行。

編制日期		審核日期		批准日期	
修改標記		修改處數		修改日期	

第 7 章 績效管理業務·流程·標準·制度

7.1 績效業務模型

7.1.1 績效管理業務工作心智圖

　　績效管理是指各級管理者和員工為了達到企業目標，共同參與績效計劃制訂、績效輔導溝通、績效考核評價、績效結果應用、績效目標提升等活動的過程，績效管理的目的是持續提升個人、部門和企業的績效。

　　績效管理的工作內容包括績效計劃制訂、績效輔導溝通、績效考核評價、績效結果應用、績效目標提升五個方面，具體內容說明及相關審核人員說明如圖 7-1 所示：

工作內容	內容說明	相關審核人員
績效計劃制訂	● 根據工作崗位特點、員工工作能力及工作任務要求等制訂部門績效計劃及員工績效計劃	★ 人力資源部經理進行審核 ★ 總經理進行審批
績效輔導溝通	● 對考核對象說明績效考核事項，並根據各部門及人員的績效管理需要進行績效輔導，以順利實現績效目標	★ 績效主管進行審批 ★ 人力資源部經理進行全面監督
績效考核評價	● 根據選擇的考核方法、考核標準等對企業各部門及人員的工作業績、工作能力等進行客觀分析與評價，確定考核結果	★ 績效主管進行審核 ★ 人力資源部經理進行審批
績效結果應用	● 根據績效考核結果實施績效獎懲的過程。獎懲措施包括晉升、發放績效獎金、職業發展及罰款、降職等	★ 人力資源部經理進行審核 ★ 總經理進行審批
績效目標提升	● 根據企業各部門及人員現階段的績效水平制定績效提升計劃，並監督計劃的實施	★ 人力資源部經理進行審批 ★ 總經理進行審批

圖 7-1 績效管理業務工作心智圖

7.1.2 績效管理主要工作職責

企業績效管理工作主要由人力資源部負責，各部門負責人須協助人力資源部制訂本部門的績效考核指標、評估標準及績效評估計劃，而各級員工也應配合人力資源部完成自身的績效考核與改進工作。人力資源部的主要工作職責說明如表 7-1 所示：

表 7-1 績效管理工作職責說明表

工作職責	職責具體說明
績效計劃制訂管理	1.對企業的策略目標及經營計劃、部門設置及責權分工、制度及薪酬系統、工作目標等事項進行深入、系統地調查，並對調查結果進行分析與診斷 2.通過分析、診斷結果對企業的績效管理水平和績效目標進行分析，並根據分析結果制訂企業績效管理各方面的工作計劃 3.編制績效計劃的實施管理方案，設計出各部門及崗位的關鍵績效考核指標，對績效考核的程序進行明確規定，同時對績效結果的應用做出合理安排
績效輔導溝通管理	1.與被考核部門及被考核人員協同商定績效管理目標、編制績效改進計劃等，並對其進行績效管理實施前的培訓 2.對績效目標等地實現過程進行監督指導，及時與被考核部門及被考核人員討論有關工作進展情況、潛在的問題與障礙等，保證績效目標的順利實現 3.及時發現企業績效管理中存在各類問題，並進行分析和研究，制定出切實、有效的解決方案，指導被考核部門或考核者進行績效改進
績效考核實施與評價管理	1.根據企業經營現狀和企業各部門、各崗位的特點，設定企業績效考核標準 2.實施績效考核，全面、準確收集被考核者的實際工作狀況資訊，並與績效考核標準進行比對，分析差異程度 3.科學分析績效考核數據，客觀評價績效考核結果，便於得出正確的考評結論 4.組織做好績效考核結果的申訴處理工作，及時將申訴結果通知申訴人

表7-1(續)

績效結果應用管理	1.在企業內部通知績效考核結果，使被考核部門及被考核者做好自我定位 2.幫助被考核部門及被考核者分析績效差距，並協助制定相應的績效改進措施 3.與被考核部門及被考核者進行溝通，確定下一個績效考評週期的工作任務和目標 4.根據企業的實際狀況和員工下一階段的任務目標，確定相應的資源配置，確保績效目標的順利完成 5.協助被考核部門做好績效結果的應用工作，確保企業的薪酬與績效完美結合 6.根據績效結果，協助企業各部門做出相應的安排和部署，包括薪酬調整、崗位調整、培訓管理等內容
績效目標提升管理	1.根據企業的實際經營管理狀況及績效結果對績效目標進行適當地提升，完善企業的績效管理系統 2.組織制定下一步的工作規劃和工作目標，提升企業的績效管理水平

7.2 績效管理流程

7.2.1 主要流程設計心智圖

績效管理流程可以根據績效管理業務工作心智圖，從績效計劃管理、績效輔導溝通、績效考核評價、績效結果應用、績效目標提升五個方面進行設計，具體流程如圖7-2所示：

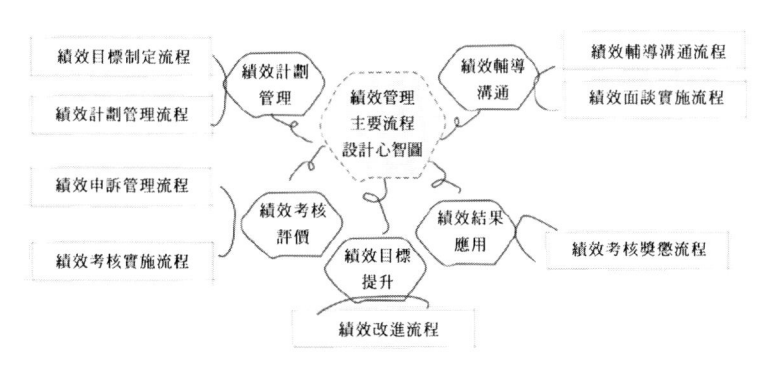

圖7-2 績效管理主要流程設計心智圖

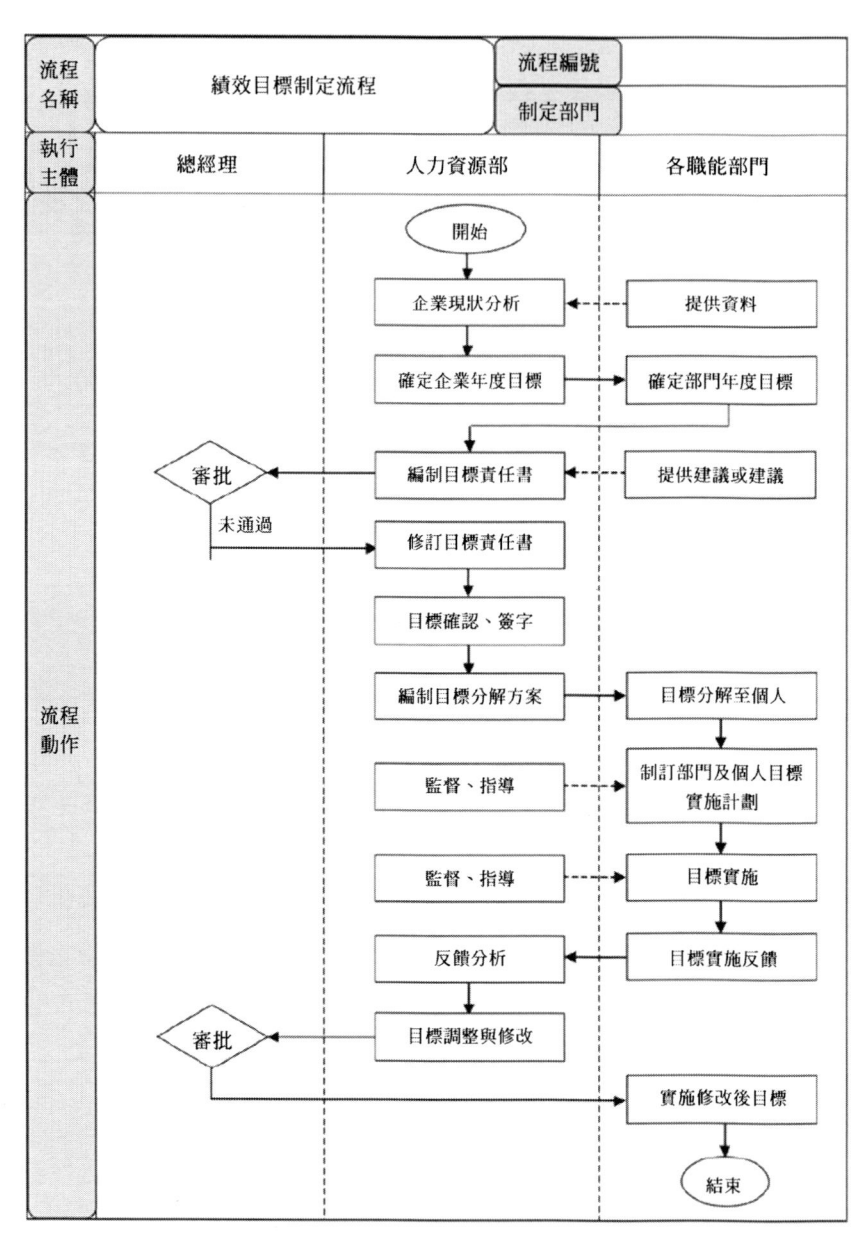

7.2.2 績效目標制訂流程

績效目標制訂流程如圖 7-3 所示：

流程名稱	績效目標制定流程		流程編號	
			制定部門	
執行主體	總經理	人力資源部		各職能部門
流程動作	審批（未通過）→ 審批	開始 → 企業現狀分析 → 確定企業年度目標 → 編制目標責任書 → 修訂目標責任書 → 目標確認、簽字 → 編制目標分解方案 → 監督、指導 → 監督、指導 → 反饋分析 → 目標調整與修改		提供資料 → 確定部門年度目標 → 提供建議或建議 → 目標分解至個人 → 制訂部門及個人目標實施計劃 → 目標實施 → 目標實施反饋 → 實施修改後目標 → 結束

圖 7-3 績效目標制訂流程

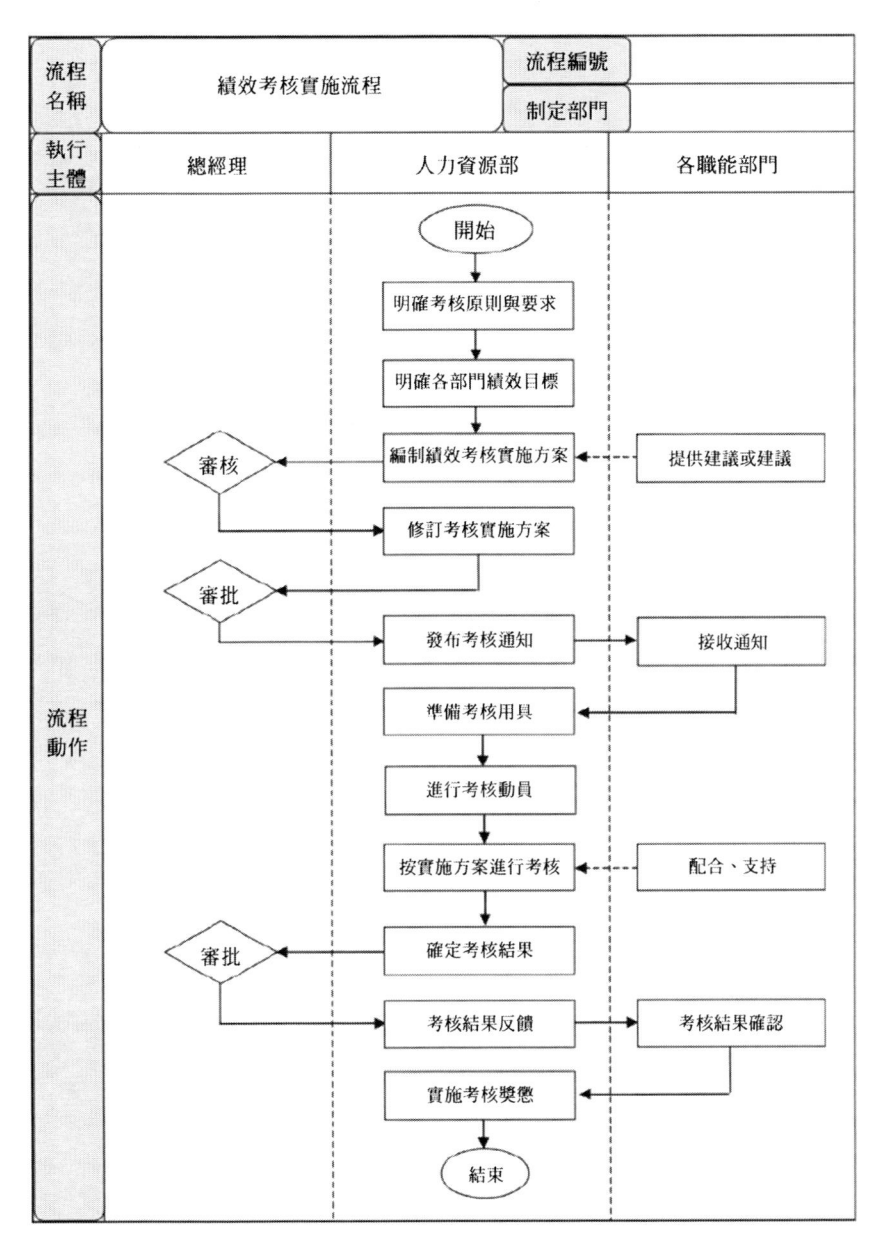

7.2.3 績效考核實施流程

績效考核實施流程如圖 7-4 所示：

流程名稱	績效考核實施流程		流程編號	
			制定部門	
執行主體	總經理	人力資源部		各職能部門
流程動作	審核 審批 審批	開始 ↓ 明確考核原則與要求 ↓ 明確各部門績效目標 ↓ 編制績效考核實施方案 ↓ 修訂考核實施方案 ↓ 發布考核通知 ↓ 準備考核用具 ↓ 進行考核動員 ↓ 按實施方案進行考核 ↓ 確定考核結果 ↓ 考核結果反饋 ↓ 實施考核獎懲 ↓ 結束		提供建議或建議 接收通知 配合、支持 考核結果確認

圖 7-4 績效考核實施流程

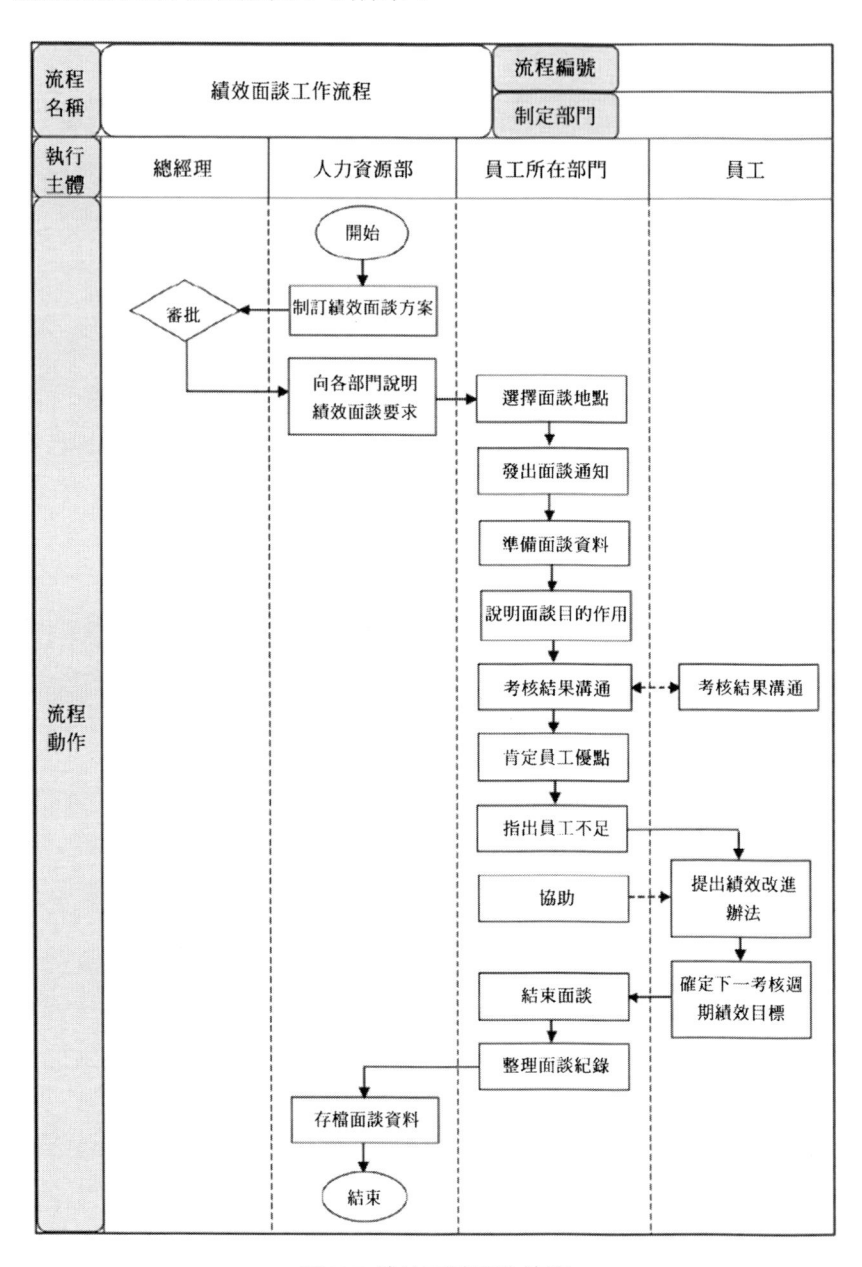

7.2.4 績效面談工作流程

績效面談工作流程如圖 7-5 所示：

流程名稱	績效面談工作流程		流程編號	
			制定部門	
執行主體	總經理	人力資源部	員工所在部門	員工
流程動作	審批	開始 → 制訂績效面談方案 → 向各部門說明績效面談要求 → 協助 → 存檔面談資料 → 結束	選擇面談地點 → 發出面談通知 → 準備面談資料 → 說明面談目的作用 → 考核結果溝通 → 肯定員工優點 → 指出員工不足 → 結束面談 → 整理面談紀錄	考核結果溝通 → 提出績效改進辦法 → 確定下一考核週期績效目標

圖 7-5 績效面談工作流程

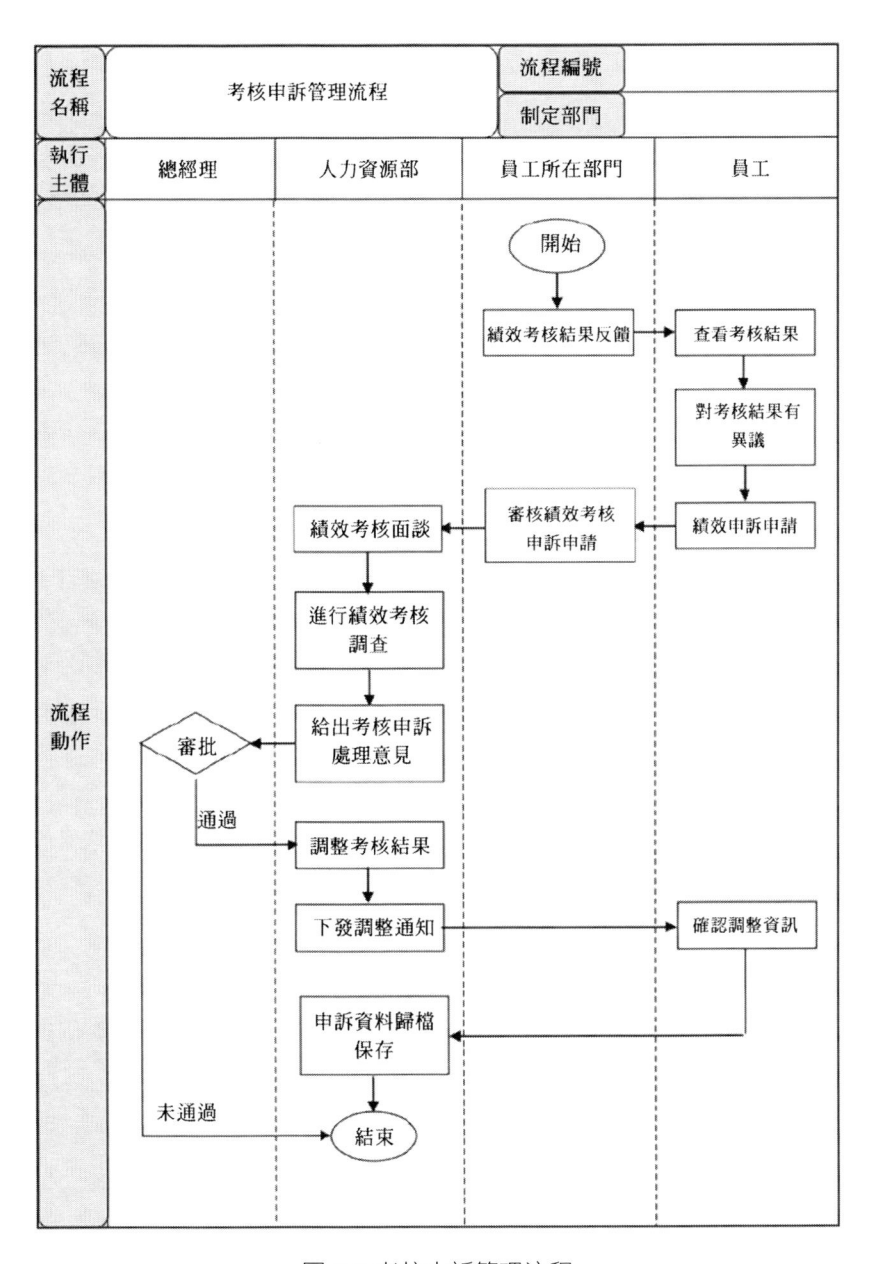

7.2.5 考核申訴管理流程

考核申訴管理流程如圖 7-6 所示：

流程名稱	考核申訴管理流程		流程編號	
			制定部門	
執行主體	總經理	人力資源部	員工所在部門	員工
流程動作			開始 → 績效考核結果反饋 → 查看考核結果 → 對考核結果有異議 → 績效申訴申請 → 審核績效考核申訴申請 → 績效考核面談 → 進行績效考核調查 → 給出考核申訴處理意見 → 審批（通過→調整考核結果→下發調整通知→確認調整資訊→申訴資料歸檔保存→結束；未通過→結束）	

圖 7-6 考核申訴管理流程

7.3 績效管理標準

7.3.1 績效管理業務工作標準

確定明確的績效管理工作標準，有利於人力資源部依據工作標準的事項及要求開展工作，從而順利達成既定的工作成果或目標。企業績效管理業務的工作標準如表 7-2 所示。

表 7-2 績效管理業務工作標準

工作事項	工作依據與規範	工作成果或目標
績效計劃制訂	・績效管理制度、績效考核歷史數據、績效計劃制訂流程、企業整體工作規劃、各部門各崗位工作職責與目標等	(1)考核計劃制訂及時率達100% (2)績效計劃改進率達__%
績效輔導溝通	・績效輔導溝通管理制度、績效輔導溝通實施流程、績效面試實施流程、績效目標、績效結果等	(1)按時進行績效輔導溝通，消除員工的疑慮 (2)績效輔導溝通及時率達100%
績效考核評價	・績效考核實施流程、績效考核目標、績效考核方案、績效考核歷史數據、績效考核管理制度、考核崗位等	(1)績效考核評價公平公正 (2)考核數據準確率達100% (3)考核申訴率低於__%
績效結果應用	・績效考核結果、績效考核獎懲說明書、績效考核獎懲實施流程等	(1)考核結果準確率達100% (2)及時按考核結果實施考核獎懲
績效目標提升	・企業人力資源整體規劃、績效目標改進計劃、績效考核結果、現有績效目標	(1)改進計劃制訂及時率達100% (2)績效改進目標達成率__%

7.3.2 績效管理業務績效標準

人力資源部可根據績效管理業務內容,分別提煉績效管理業務的考核指標與標準。績效管理業務具體的績效標準如表 7-3 所示:

表 7-3 績效管理業務績效標準

工作事項	評估指標	評估標準
績效計劃	績效計劃制訂及時率	1.績效計劃制訂及時率 = $\dfrac{績效計劃制訂及時的次數}{績效計劃制訂的總次數} \times 100\%$ 2.績效計劃制訂及時率應達到__%,每降低__個百分點,扣__分;低於__%,本項不得分
	績效計劃完善率	1.績效計劃完善率 = $(1 - \dfrac{績效計劃修訂的次數}{績效計劃制訂的次數}) \times 100\%$ 2.績效計劃完善率應達到__%,每降低__個百分點,扣__分;低於__%,本項不得分
績效輔導溝通	輔導溝通及時率	1.輔導溝通及時率 = $\dfrac{績效輔導溝通及時的次數}{績效輔導溝通的次數} \times 100\%$ 2.輔導溝通及時率應達到__%,每降低__個百分點,扣__分;低於__%,本項不得分
績效考核實施	績效考核工作按時完成率	1.績效考核工作按時完成率 = $\dfrac{按時完成的績效考核工作數}{計劃完成的績效考核工作數} \times 100\%$ 2.績效考核工作按時完成率應達到__%,每降低__個百分點,扣__分;低於__%,本項不得分
	考核數據準確率	1.考核數據準確率 = $\dfrac{考核數據準確的次數}{績效考核的次數} \times 100\%$ 2.考核數據準確率應達到__%,每降低__個百分點,扣__分;低於__%,本項不得分
	考核資訊反饋及時率	1.考核資訊反饋及時率 = $\dfrac{考核資訊反饋及時的次數}{考核資訊反饋的次數} \times 100\%$ 2.考核資訊反饋及時率應達到__%,每降低__個百分點,扣__分;低於__%,本項不得分

表 7-3（續）

	績效考核申訴率	1.績效考核申訴率=$\dfrac{績效考核申訴的次數}{績效考核的次數}\times 100\%$ 2.輔績效考核申訴率應低於__%，每增加__個百分點，扣__分；高於__%，本項不得分
	績效申訴處理及時率	1.績效申訴處理及時率=$\dfrac{績效考核申訴處理及時的次數}{績效考核申訴的次數}\times 100\%$ 2.績效申訴處理及時率應達到__%，每降低__個百分點，扣__分；低於__%，本項不得分
	績效報告提交及時率	1.績效報告提交及時率=$\dfrac{績效報告提交及時的次數}{績效報告提交的次數}\times 100\%$ 2.績效報告提交及時率應達到__%，每降低__個百分點，扣__分；低於__%，本項不得分
	協作部門滿意度	1.企業其他部門對人力資源部績效管理工作滿意度評分的算術平均分 2.滿意度評分應達到__%，每降低__個，扣__分；低於__%，本項不得分
	考核公平公正性	1.績效考核無任何徇私舞弊行為，嚴格按考核標準及要求開展考核工作 2.考核期內，每出現一次徇私舞弊行為，該項扣__分；扣完為止
考核成本管理	績效管理成本預算控制率	1.績效管理成本預算控制率=$\dfrac{實際費用}{預算費用}\times 100\%$ 2.績效管理成本預算控制率應低於__%，每增加__個百分點；扣__分，高於__%，本項不得分

7.4 績效管理制度

7.4.1 制度解決問題心智圖

績效管理制度解決問題心智圖如圖 7-7 所示。

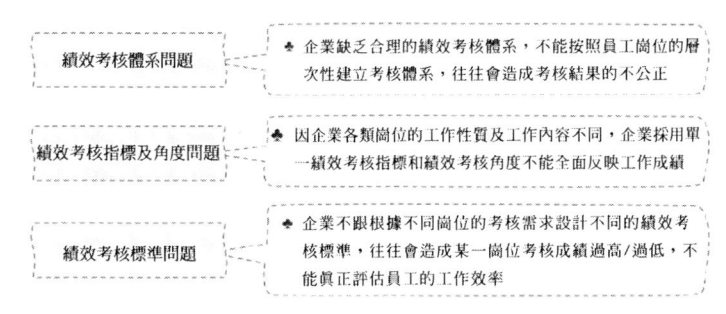

- 績效考核體系問題 ♣ 企業缺乏合理的績效考核體系，不能按照員工崗位的層次性建立考核體系，往往會造成考核結果的不公正
- 績效考核指標及角度問題 ♣ 因企業各類崗位的工作性質及工作內容不同，企業採用單一績效考核指標和績效考核角度不能全面反映工作成績
- 績效考核標準問題 ♣ 企業不跟根據不同崗位的考核需求設計不同的績效考核標準，往往會造成某一崗位考核成績過高/過低，不能真正評估員工的工作效率

圖7-7 績效管理制度解決問題工作導圖

7.4.2 高層人員績效管理制度

高層人員績效管理制度如表7-4所示：

表7-4 高層人員績效管理制度

制度名稱	高層人員績效管理制度	編　號	
執行部門		監督部門	編修部門

第一章　總則

第1條　目的。

為了規範公司高層人員的績效考核工作，提高高層人員的工作積極性，促進公司整體目標的達成和管理方式的改進。同時，激勵公司高層人員實現其績效目標，特制定本制度。

第2條　適用範圍。

本制度適用於公司主管副總、總監、各部門經理在內的高層人員的績效考核工作，業務主管、高級工程師、班組長等不在此範圍內。

第3條　職責權限。

1.總經理負責對高層人員的績效考核工作進行全面監督和管理，及時將績效管理的相關決策事項下發至各部門。

2.人力資源部是績效管理工作的管理部門，在公司總經理的指導下實施管高層人員的績效考核管理工作，及時匯報績效管理各項工作事宜。

表7-4(續)

第二章 考核時間

第4條 公司對高層人員採取年度考核的方式，每年考核一次，半年述職一次。

第5條 人力資源部於每年__月__日前完成上年度高層人員績效資訊收集工作，並在__年__月__日前完成績效考核工作。

第三章 考核內容

第6條 高層人員的考核內容分為經營目標完成和管理改進兩項內容。

1.經營目標完成的考核重點集中在基於策略重點落實而制定的KPI的完成情況。

2.管理改進的評價要素包括計劃管理、流程建設、人才培養與人員調配管理、績效改善、職業素養與工作態度等。

3.高層人員考核內容的具體說明如下表所示：

高層人員考核內容說明表

考核內容	考核項目	考核指標說明
經營目標	生產目標	●主要包括生產計劃完成率、生產任務完成率、生產量、生產效率等考核指標
	銷售目標	●主要包括銷售額、銷售量、銷售回款率、產品市場佔有率、產品市場開發率、產品市場覆蓋率等考核指標
	研發目標	●主要包括新產品研發率、新產品研發成功率、新產品上市率等考核指標
	成本目標	●主要包括生產成本控制額/率、銷售成本控制額/率、研發成本控制額/率、客戶管理成本控制額/率等考核指標
	客戶目標	●主要包括新客戶開發率、客戶回訪率、客戶拜訪率、客戶維護率等考核指標
管理改進	計劃管理	●主要包括各類計劃的改進狀況考核
	文化建設	●主要包括企業文化建設、企業文化培訓以及員工文娛活動管理等方面

表7-4(續)

	人才培養	• 主要對公司各類人員實施的培養策略等
	人員調配	• 主要包括各類人員崗位調動、調配事項的管理等
	績效改善	• 主要為提高員工整體績效水平所採取的措施的有效性的考核
	職業素養	• 對員工職業素養水平的考核
	工作態度	• 對員工的工作積極性、責任感、協作性等的考核
備註		

第7條 公司對高層人員的考核主要是基於KPI落實和計劃完成情況而進行的考核。

第四章 考核實施

第8條 確定績效目標。

1.考核期初，高層人員應依據公司的經營策略和經營計劃，結合考核要素向公司提出在下一考核期中，其所管系統或部門的策略重點、策略執行方式、關鍵績效指標(KPI)和指標值以及管理改進計劃。

2.高層人員同直接上級就下期績效目標內容進行討論、評議和審定。

3.高層人員與直接上級達成共識後，由被考核者將確認的內容填入高層人員的考核表中。

4.在考核週期內，若被考核者發現業務進展的內外環境發生重大變化，可以申請對原定的工作目標進行階段性調整，經直接主管同意後，記入述職表「計劃調整」欄中。

第9條 實施考核。

1.考核期末，被考核者將工作目標完成情況記入「高層人員考核表」中的「計劃完成情況」欄中，同時被考核者需將其他屬於本人應當完成的部分填寫完畢。

2.被考核者進行述職，由被考核者本人對績效完成情況進行說明。

3.考核者根據目標達成情況和述職情況對被考核者做出評價並計算得分。

表7-4(續)

第五章 考核反饋

第10條 考核結果反饋。

高層人員的考核結束後,人力資源部應及時將考核結果反饋至公司總經理及被考核者本人,並針對考核過程中出現的相關考核問題與被考核者進行溝通。

第11條 考核結果確認。

被考核者和人力資源部對考核結果共同進行確認,如無異議,即以此結果為績效工資的發放依據。若有異議,人力資源部應按「考核爭議處理辦法」進行處理。

第六章 附則

第12條 本制度由人力資源部制定,其解釋權與修改權均歸人力資源部所有。

第13條 本制度經總經理審議通過後,自頒布之日起開始執行。

編制日期		審核日期		批准日期	
修改標記		修改處數		修改日期	

7.4.3 生產人員績效管理制度

生產人員績效管理制度如表7-5表示:

表7-5 生產人員績效管理制度

制度名稱	生產人員績效管理制度	編　　號	
執行部門		監督部門		編修部門	

第一章 總則

第1條 目的。

為了更好地指導生產人員的工作,全面了解、評估生產人員的工作績效,並進行客觀、公正的評價,提高生產部門的生產效率,保證公司生產計劃順利實現,特制定本制度。

表7-5(續)

第2條 適用範圍。

本制度適用於公司各車間一線生產人員的績效考核管理工作。

第3條 管理職責。

1. 人力資源負責統計生產人員的日常工作情況及績效表現，並按照考核標準對其進行考核。

2. 生產部負責紀錄生產人員日常工作表現，紀錄、匯總後交人力資源部作為績效考核依據。

3. 質量管理部對生產人員生產的產品進行品質檢驗，並將檢驗結果交人力資源部作為績效考核依據。

第4條 考核週期與內容。

1. 生產人員的考核以月度為考核週期進行，在年終進行年度考核。年度考核成績等於月度考核成績的平均分。

2. 本公司生產人員的考核分為日常行為考核與生產業績考核兩部分，前者占考核總成績的__%，後者占__%

第二章 日常行為考核

第5條 日常行為考核主要由各班組長負責執行，每月末到車間主任處領取人力資源部下發的績效考核表，對下屬人員的當月日常行為表現進行考評。

第6條 日常行為考核包括紀律、品質、5S管理與團隊配合等四個方面，具體內容如下表所示：

日常行為考核內容說明表

考核項目	考核內容
紀律遵守	• 上班時間不得喧嘩嬉鬧，影響他人工作 • 上班時間不得做與工作無關的事情，不得擅自離崗 • 遵守上班作息時間，如需請假，按規定手續辦理請假申請 • 不得無故遲到或不參加班前會，必須遵守會議紀律 • 下班時，要整理工作檯面，打掃工作區域衛生 • 不得損壞車間物品、偷竊公司財物或與工友吵架 • 不得頂撞、欺騙、威脅上級

表7-5(續)

質量保證	• 按作業指導書和操作規程進行作業 • 及時處理不合格品，並對不合格品進行分類標識和隔離 • 要按時考核、填寫自檢表和考核表，且表格要清楚整潔 • 換規格時，要進行首件確認 • 工作要細緻認真，盡量避免出現不合格品
5S標準	• 工作區域內的地面、椅子、機台要保持整潔 • 各種表格、指導書擺放要整齊 • 待作業產品要擺放整齊到位，標識卡要按要求認真填寫 • 工服穿戴整齊，按要求佩戴工牌 • 設備儀器要按要求保養，表面不得有灰塵
團隊配合	• 聽從班組長的分工調配，按時完成指定任務，及時上報作業情況 • 互相學習、互相幫助、共同進步 • 工作中要勇於承擔責任 • 團隊要團結，不散播謠言，不互相詆毀、中傷

第7條 評分標準。

1.考核滿分為100分，採取扣分制。

2.每違反考核標準一次扣__分，情節嚴重者扣__分。

3.若單個月連續出現__次違反考核標準的情況，視具體情節可加扣__～__分。

4.若單個月內未出現任何違反考核標準的情況，可酌情加__～__分。

第8條 班組長每月根據每個員工的表現，在考核評分中進行紀錄，並及時上交車間主任，由車間主任上交人力資源部。

第三章 生產業績考核

第9條 人力資源部依據生產人員的崗位職責和當月生產任務安排情況，與車間主任、生產班組長確定各生產人員的績效目標，具體考核辦法如下表所示。

表7-5(續)

生產人員業績考核表

考核指標	單項滿分	評分標準	得分
工作任務完成率	20分	目標值為__%，每減少__個百分點，扣__分	
生產定額完成率	20分	目標值為__%，每減少__個百分點，扣__分	
產品檢驗合格率	20分	目標值為__%，每減少__個百分點，扣__分	
返工率 (※返工：因為質量不合要求而重新加工或制作。)	20分	目標值為不高於__%，每超出__個百分點，扣__分	
個人勞動生產效率	10分	目標值為__件/小時，每降低__件/小時，扣__分	
違反操作規程次數	10分	目標值為0，每出現1次，扣__分	

　　第10條　各班組長對照生產人員的工作業績情況，填寫績效考核表。

　　第11條　人力資源部統計、匯總考核表，並確定被考核者的考核得分。

　　第12條　人力資源部公布各月考核結果，若生產人員對考核結果有異議，可向人力資源部提出申訴。

第13條　考核要求。

　　1.公司在對生產人員進行考核時，應根據被考核的工種不同而選取不同的考核指標和考核權重，但是對於同一崗位，考核指標、權重分配應該相同。

　　2.所有考核人員和被考核人員必須嚴格遵守考核紀律，如發現有徇私舞弊、弄虛作假、濫用職權的情況，視情節輕重處以從警告到開除等不同程度的懲罰。

第四章　績效考核結果及運用

第14條　考核等級劃分。

　　1.公司對生產人員的考核結果劃分為優秀、良好、合格及不合格四個等級，具體等級劃分標準如下表所示。

表7-5(續)

考核分級說明

考核等級	分值要求
優秀	考核得分高於90分(含90分)
良好	考核得分低於90分,高於75分(含75分)
合格	考核得分低於75分,高於60分(含60分)
不合格	考核得分低於60分

2.生產人員有下列情形之一的,考核結果可直接判定為「不合格」：

(1)單月遲到、早退總次數超過__次的。

(2)請假及曠工總天數超過__天的。

(3)參與賭博、竊盜、打架鬥毆、封建迷信等活動,對公司形象造成惡劣影響或被警察機關機留。

(4)違反公司規章制度,不服從公司管理,對公司正常生產經營活動造成不良影響的。

(5)因個人違規操作造成生產事故的。

第15條 考核結果運用。

1.月度考核的結果主要作為生產人員月度績效工資的發放依據,具體發放數額如下表所示：

績效工資發放數額

考核結果	優秀	良好	合格	不合格
績效工資發放數額	__元	__元	__元	__元

2.崗位調整的依據。

(1)連續三個月績效考核成績均達__分以上的生產人員,可參加公司崗位晉升培訓,並作為崗位晉升的重點考察對象。

(2)連續三個月績效考核成績均低於__分的生產人員,公司將安排其參加基本的崗位技能培訓,培訓後考試達標才能再次上崗,若在接下來的一個月內考核成績仍不合格,則予以辭退。

表7-5(續)

3.年度考核結果作為生產操作人員年終獎金發放、薪酬等級調整、崗位調整、培訓等人事決策的依據,具體參照公司考核與薪酬激勵相關制度。

第五章 附則

第16條 本制度由人力資源部制定,其解釋權歸人力資源部所有。

第17條 本制度經總經理審批後,自頒布之日起開始執行。

編制日期		審核日期		批准日期	
修改標記		修改處數		修改日期	

7.4.4 銷售人員績效管理制度

銷售人員績效管理制度如表7-6所示:

表7-6 銷售人員績效管理制度

制度名稱	銷售人員績效管理制度		編 號	
執行部門		監督部門	編修部門	

第一章 總則

第1條 目的。

為達到以下目的,特制定本制度。

1.規範公司對銷售人員的績效考核工作,激發其工作積極性,提高公司整體的銷售業績,以實現公司的銷售目標。

2.為銷售人員的晉升、薪酬調整、培訓發展提供考評依據。

第2條 適用範圍。

本制度所指銷售人員是指公司的銷售專員,本制度適用於本公司銷售專員的績效管理工作。

第3條 考核原則。

1.公平、公正、公開原則。

2.定性考核與定量考核相結合的原則。

表7-6(續)

3.以提高銷售業績為導向的原則。

第4條 考核週期。

銷售人員的考核分為月度考核和年度考核。其中月度考核時間為月初的＿日至＿日，主要考核銷售人員上月的銷售業績；年度考核時間為＿月＿日至＿月＿日，主要考核銷售人員上年度的工作表現。

第二章 月度考核

第5條 考核內容。

銷售人員的月度考核內容包括工作績效、工作能力和工作態度三個方面。

第6條 評分標準。

銷售人員具體的考核評分標準如下表所示：

銷售人員績效考核評分表

考核項目		考核指標	分值	評分標準		得分
工作業績	定量指標	銷售業績達成率	20	目標值為＿%，每減少＿個百分點，扣＿分		
		銷售增長率	5	目標值為＿%，每減少＿個百分點，扣＿分		
		銷售費用率	10	目標值為＿%，每增加＿個百分點，扣＿分		
		銷售回款率	10	目標值為＿%，每減少＿個百分點，扣＿分		
		新客戶開發	5	目標值為＿%，每減少＿個，扣＿分		
	定性指標	執行力	10	每違規1次，該項扣＿分		
		團隊協作	10	因個人原因影響團隊工作，每次扣分		
工作能力		專業知識	5	基本了解本行業及公司的產品	1分	
				熟練掌握本崗位所具備的專業知識，但對相關知識了解不足	3分	
				熟練掌握各項業務知識及其他相關知識	5分	

表7-6(續)

	溝通能力	5	較能清晰地表達自己的想法	1分
			在清晰表達自己想法的同時,具有一定的說服力	3分
			能靈活運用多種談話技巧和他人進行溝通,有效地化解矛盾	5分
	應變能力	5	面對客觀環境的變化,是否能採取靈活有效的應對措施	
工作態度	出勤率	5	目標值為__%,每減少__個百分點,扣__分,低於__%,則該項不得分	
	遵守制度	5	違規一次,該項扣__分	
	投訴率	5	目標值為__%,每增加__個百分點,扣__分,高於__%,則該項不得分	
總計		100	──	

第7條 月度考核執行。

1.人力資源部向銷售部發放銷售人員績效考核表,銷售主管對下屬銷售人員的工作進行評分,再由銷售經理進行審核。

2.人力資源部統一匯總考核表,統計考核得分,發給銷售人員本人及銷售主管進行確認。

3.考核期結束後,人力資源部將銷售人員績效考核統計表提交總經理和財務部,財務部依據考核結果發放薪酬。

第三章 年度考核實施

第8條 年度績效考核主要從工作業績和銷售人員在工作中所表現出來的能力和素質兩方面來考核。

第9條 銷售人員的年度業績考核如下表所示。

表7-6(續)

銷售人員年度業績考核表

考核指標	分值	評分標準	得分
銷售計劃完成率	20分	目標值為__%，每減少__個百分點，扣__分	
重點產品銷售完成率	10分	目標值為__%，每減少__個百分點，扣__分	
銷售回款率	15分	目標值為__%，每減少__個百分點，扣__分	
銷售費用率	15分	控制在__%以內，該項滿分，每超出__個百分點，扣__分	
開發客戶數量	15分	目標值為__%，每減少1個，扣__分	
客戶投訴次數	15分	目標值為0，每出現一次客戶投訴，該項扣__分 超出__次，該項不得分	
客戶檔案維護	10分	積極與客戶保持聯繫，及時更新客戶資料，無檔案損毀、洩密等安全事故　　10分 能保證重要客戶的資料更新，無安全事故發生　　6分 基本遵守客戶檔案管理制度，無檔案洩密事故發生　　3分	
總計	100分		

第10條 銷售人員的素質、能力考核如下表所示：

銷售人員素質、能力考核表

指標名稱	評分標準（單位：分）					總分	得分
	優	良	合格	較差	差		
溝通能力	8~10	6~8	4~6	2~4	0~2	10分	
協作能力	8~10	6~8	4~6	2~4	0~2	10分	
工作態度	16~20	12~15	8~11	4~7	0~3	20分	
紀律性	16~20	12~15	8~11	4~7	0~3	20分	
業務知識	1.對銷售所需知識的掌握程度由銷售部經理與人力資源共同設計題目，採用筆試考核，滿分100分 2.該項得分=筆試得分×40%					40分	
總計							100分	

表7-6(續)

第11條 年度考核評分為百分制，其中工作業績考核結果占__%，能力素質考核結果占__%。

第四章 考核結果的應用

第12條 績效面談。

銷售主管對銷售人員的工作績效進行總結，並對其有待改進的地方提出改進、提高的期望與措施，同時共同制定下期的績效目標。

第13條 月度考核結果運用。

根據銷售人員的績效考核的等級進行績效獎金發放，具體發放方式可根據銷售產品和工作內容的不同由銷售部具體制定。

第14條 年度考核的運用。

根據銷售人員年度績效考核的總得分劃分等級，並根據等級進行年度獎金發放和職位調整。

1.獎金的發放方式參照第13條執行。

2.在進行職位調整前，人事主管應與銷售人員進行面談，並視面談結果決定其升降或去留。

第五章 附則

第15條 本制度由人力資源部制定，經總經理審批後執行。

第16條 本制度自頒布之日起開始執行，其解釋與修訂權歸人力資源部所有。

編制日期		審核日期		批准日期	
修改標記		修改處數		修改日期	

第 8 章 薪酬管理業務·流程·標準·制度

8.1 薪酬管理業務模型

8.1.1 薪酬管理業務工作心智圖

薪酬管理是指企業在人力資源戰略的指導下，對員工薪酬策略、薪酬水平、薪酬結構、薪酬支付等進行確定、分配和調整的過程。薪酬管理具體包括薪酬調查、薪酬體系設計、薪酬實施、薪酬計發和薪酬糾紛處理五項內容，具體的業務心智圖如圖 8-1 所示：

工作內容	內容說明	相關審核人員
薪酬調查	● 通過一系列標準和方法，對市場上各職位的薪酬水平、薪酬構成等進行調查，並形成能夠客觀反映市場薪酬現狀的調查報告，為企業薪酬管理提供依據及參考	★ 人力資源部經理進行審核 ★ 總經理進行審核
薪酬體系設計	● 根據社會經濟環境、行業差異、國家相關規定、同行業薪酬狀況等合理設計企業薪酬策略、薪酬結構、薪酬等級、薪酬水平等	★ 人力資源部經理進行審核 ★ 總經理進行審批
薪酬實施	● 根據勞動法等相關法律法規及企業的薪酬政策及策略，制訂並實施薪酬制度、方案、計劃等	★ 薪酬主管進行審核 ★ 人力資源部經理進行監督
薪酬計發	● 根據薪酬核算辦法、商定的薪酬水平等，及時核算薪酬，並按時發放薪酬	★ 人力資源部經理進行審核 ★ 總經理進行審批
薪酬糾紛處理	● 對薪酬糾紛事宜進行全面調查和分析，根據調查分析結果確定具體的處理辦法	★ 人力資源部經理進行審核 ★ 總經理進行審批

圖 8-1 薪酬管理業務工作心智圖

8.1.2 薪酬管理主要工作職責

在員工薪酬管理方面，人力資源部具體負責企業薪酬制度建設、薪酬調查管理、薪酬體系設計、薪酬實施與調整管理、薪酬計發管理、薪酬糾紛處理等工作，財務部負責員工薪酬發放工作。人力資源部的主要職責說明如表 8-1 所示：

表 8-1 薪酬管理管理工作職責說明表

工作職責	職責具體說明
薪酬制度建設	1.根據企業發展規劃及相關要求以及國家相關薪酬福利的政策、法規等制定薪酬管理制度 2.根據企業薪酬工作的實際，對薪酬管理制度進行調整與完善
薪酬調查管理	1.廣泛開展薪酬調查，了解企業所在地同行業同崗位的薪酬水平，收集企業員工的薪酬期望值，為薪酬標準的制定及調整提供重要依據 2.調查市場上同類企業的薪酬制度，為本企業的薪酬體系設計提供依據
薪酬體系設計	1.進行崗位分析，明確崗位性質，對各崗位實施公正、合理的評價，確保企業各崗位之間的薪酬可比性 2.根據國家相關法律法規及企業發展策略及經營狀況，參照崗位評價，對薪酬水平、薪酬構成及薪酬結構進行合理定位 3.根據崗位評價與分析，劃分薪酬發放等級，明確各等級的薪酬水平 4.制定員工薪酬結構，合理規劃員工薪酬的構成項目及各自所占比例，以達到對員工的激勵作用
薪酬實施	1.根據企業發展策略及薪酬體系設計，制訂薪酬福利方案，內容包括薪酬福利的項目和結構、薪資等級及各級的差別幅度、薪酬標準等 2.根據企業所在行業及崗位特點，制定靜態薪酬發放方案和動態薪酬發放方案，並組織、監督方案的實施 3.制定員工獎勵政策，明確各類獎勵方法及實施方案，不斷完善企業薪資激勵機制 4.定期調查員工薪酬需求及滿意度，考慮外部環境變化，及時對薪酬體系進行調整

表8-1(續)

薪酬計發管理	1.根據員工考勤、崗位津貼、補貼等定期計算員工薪酬福利水平，編制員工薪酬表，提交財務部進行審核 2.督促財務部門在規定的發放日期，按照員工薪資表及相關標準對員工發放薪資 3.編制企業福利計劃預算，負責按時繳納員工的各項社會保險、住房公積金並代繳個人所得稅
薪酬糾紛處裡	1.處理薪酬核算和發放中出現的各種異議，並對相對福利政策進行解釋說明 2.對各類薪酬發放問題進行處理，提高員工滿意度

8.2 薪酬管理流程

8.2.1 主要流程設計心智圖

人力資源部可根據薪酬管理的工作心智圖，依據薪酬管理工作程序，從薪酬調查、薪酬體系設計、薪酬實施、薪酬計發四個方面設計具體的薪酬管理流程。具體可設計如下流程，如圖 8-2 所示：

薪酬管理主要流程設計心智圖
- 薪酬調查 ● 薪酬調查實施流程
- 薪酬體系設計 ● 薪酬體系設計流程
- 薪酬實施 ● 薪酬預算管理流程、薪酬滿意度調查流程、員工獎金管理流程、員工福利管理流程、員工薪酬調整流程
- 薪酬計發 ● 薪酬核算流程、員工工資發放流程

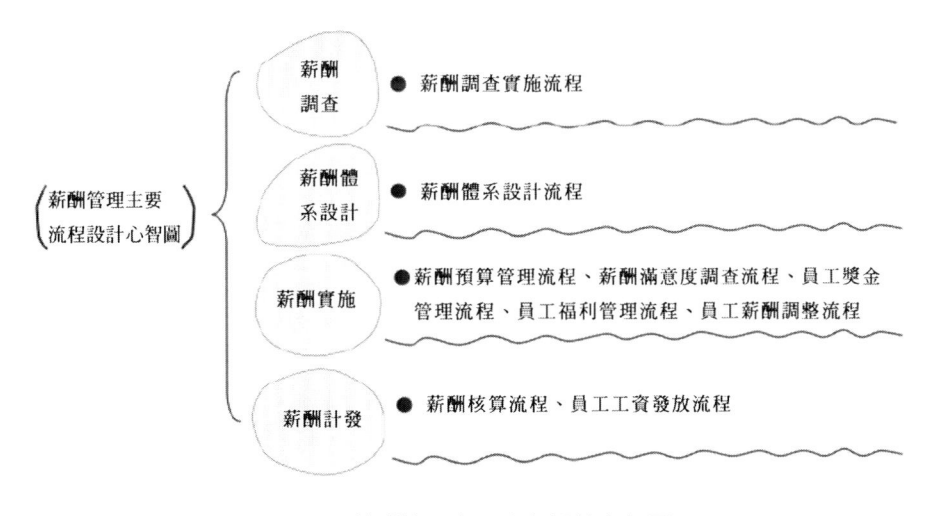

圖 8-2 薪酬管理主要流程設計心智圖

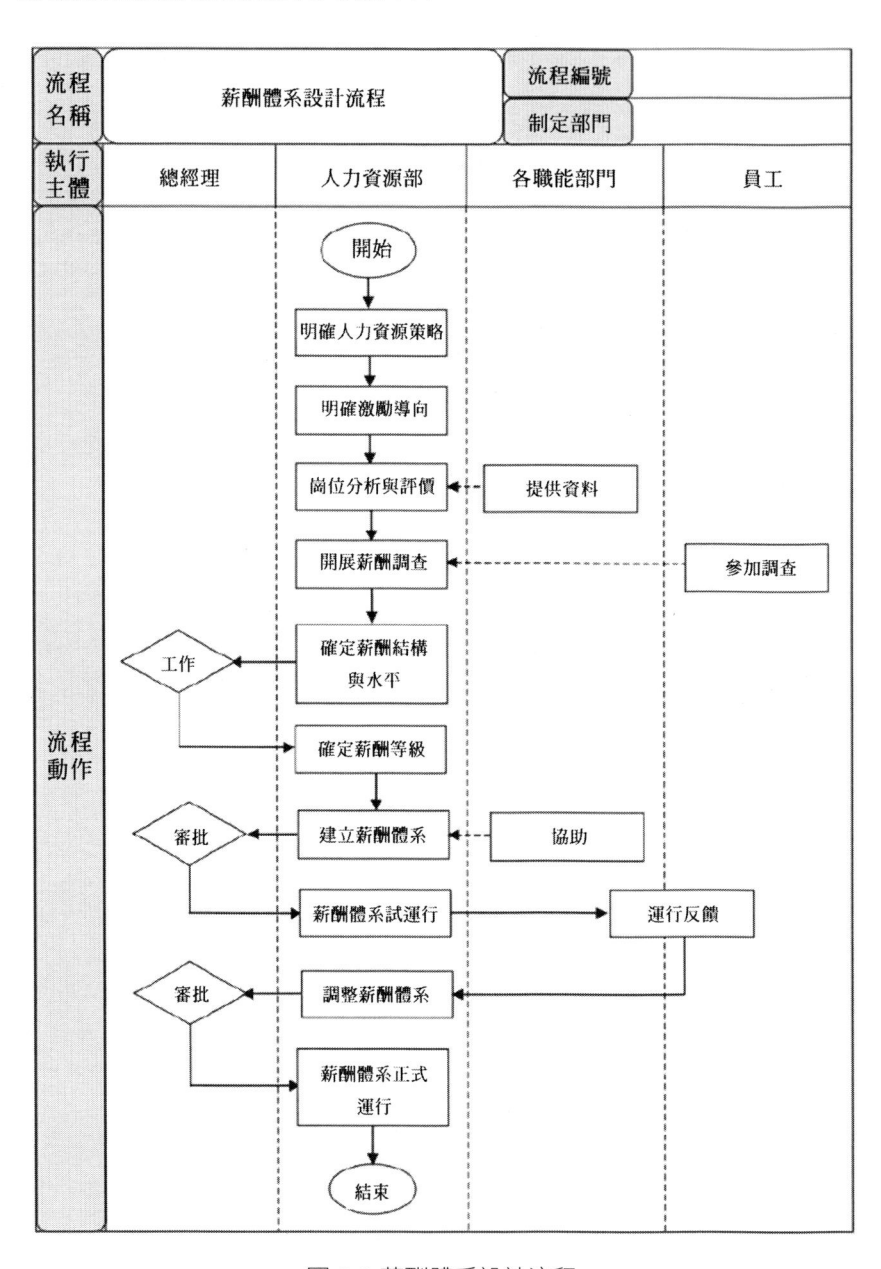

8.2.2 薪酬體系設計流程

薪酬體系設計流程如圖 8-3 所示：

流程名稱	薪酬體系設計流程		流程編號	
			制定部門	
執行主體	總經理	人力資源部	各職能部門	員工
流程動作		開始 → 明確人力資源策略 → 明確激勵導向 → 崗位分析與評價 ← 提供資料		
		開展薪酬調查 ←······→		參加調查
	工作（審批） ← 確定薪酬結構與水平			
		確定薪酬等級		
	審批 ← 建立薪酬體系 → 協助			
		薪酬體系試運行 → 運行反饋		
	審批 ← 調整薪酬體系			
		薪酬體系正式運行 → 結束		

圖 8-3 薪酬體系設計流程

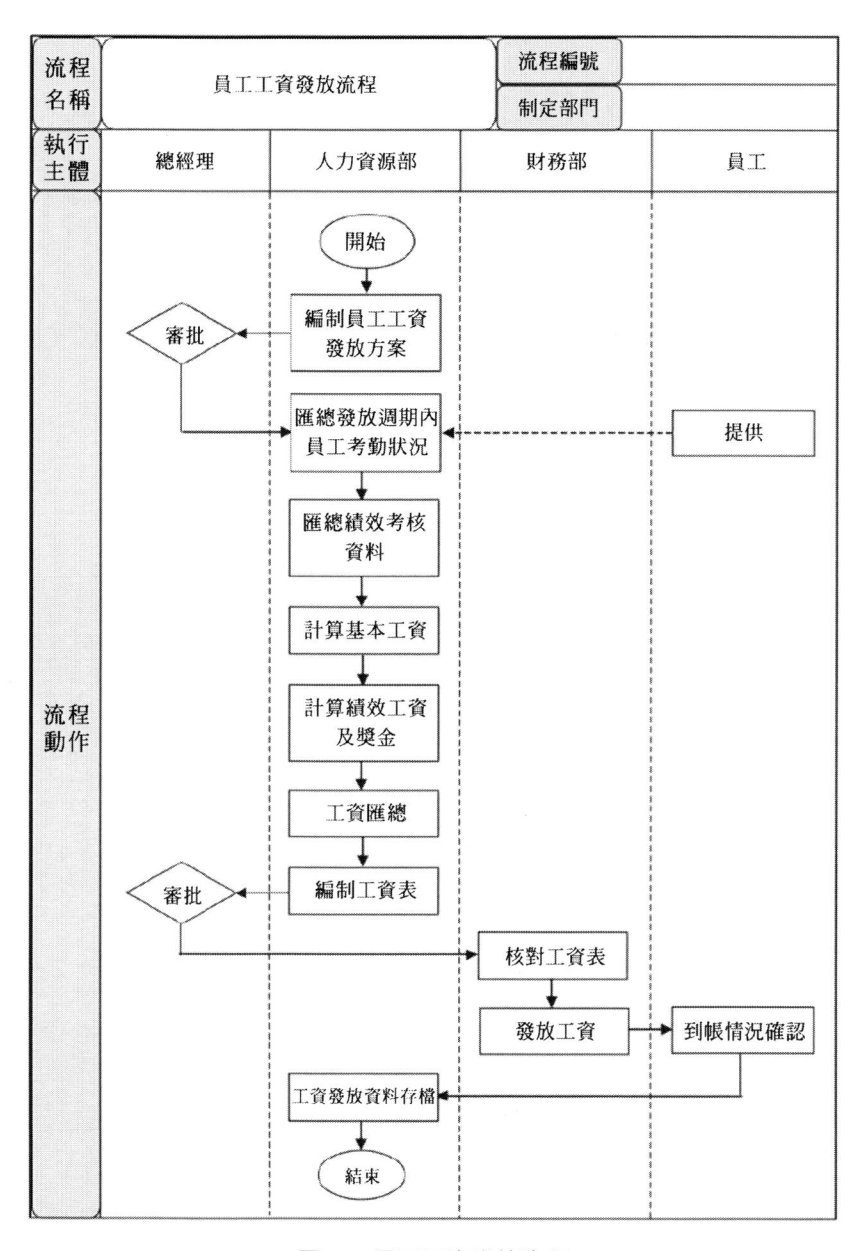

8.2.3 員工工資發放流程

員工工資發放流程如圖 8-4 所示：

流程名稱	員工工資發放流程		流程編號	
			制定部門	
執行主體	總經理	人力資源部	財務部	員工
流程動作	審批	開始 → 編制員工工資發放方案 → 匯總發放週期內員工考勤狀況 → 匯總績效考核資料 → 計算基本工資 → 計算績效工資及獎金 → 工資匯總 → 編制工資表 → 工資發放資料存檔 → 結束	核對工資表 → 發放工資	提供 / 到帳情況確認

圖 8-4 員工工資發放流程

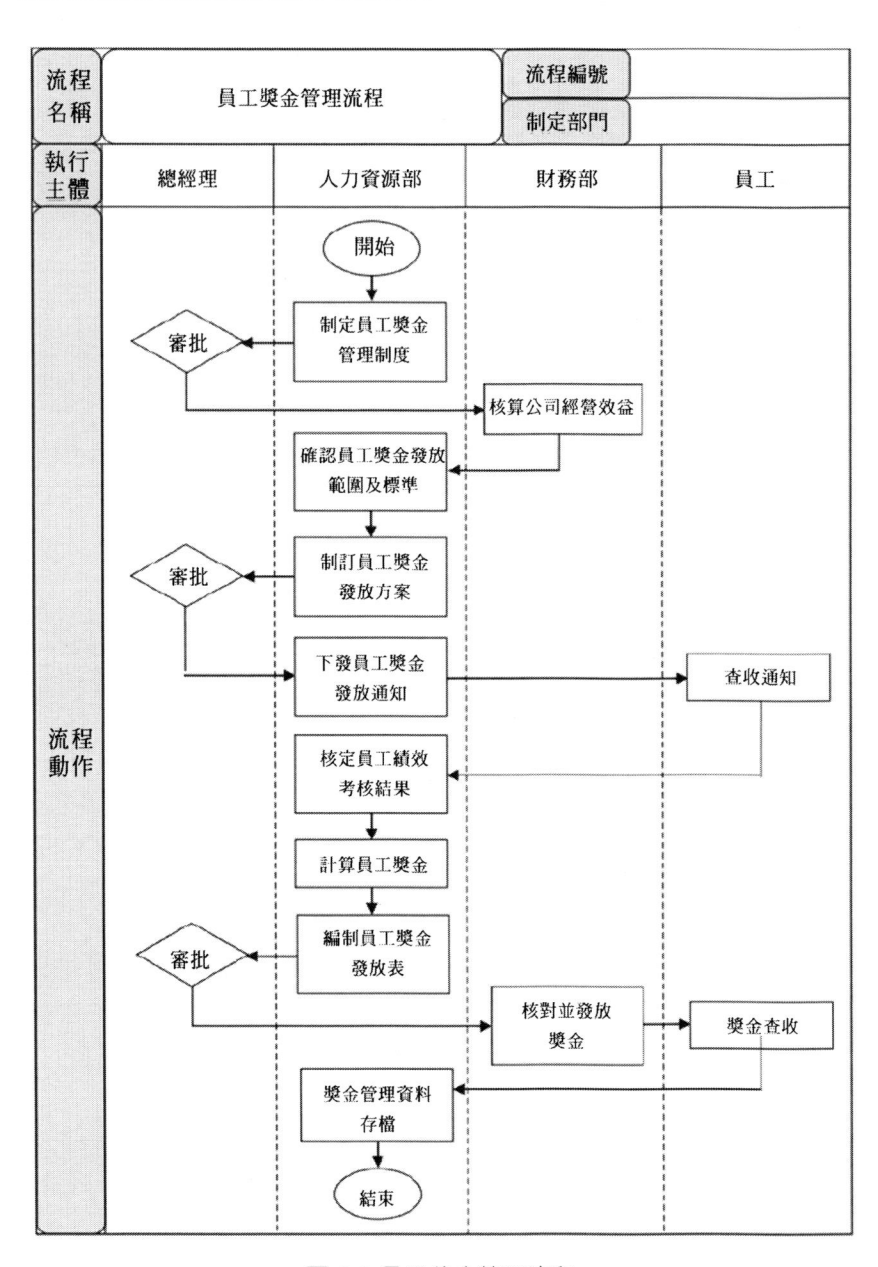

8.2.4 員工獎金管理流程

員工獎金管理流程如圖 8-5 所示:

流程名稱	員工獎金管理流程		流程編號	
			制定部門	
執行主體	總經理	人力資源部	財務部	員工
流程動作		開始↓ 制定員工獎金管理制度 → 審批 ↓ 確認員工獎金發放範圍及標準 ↓ 制訂員工獎金發放方案 → 審批 ↓ 下發員工獎金發放通知 ↓ 核定員工績效考核結果 ↓ 計算員工獎金 ↓ 編制員工獎金發放表 → 審批 ↓ 獎金管理資料存檔 ↓ 結束	核算公司經營效益 核對並發放獎金	查收通知 獎金查收

圖 8-5 員工獎金管理流程

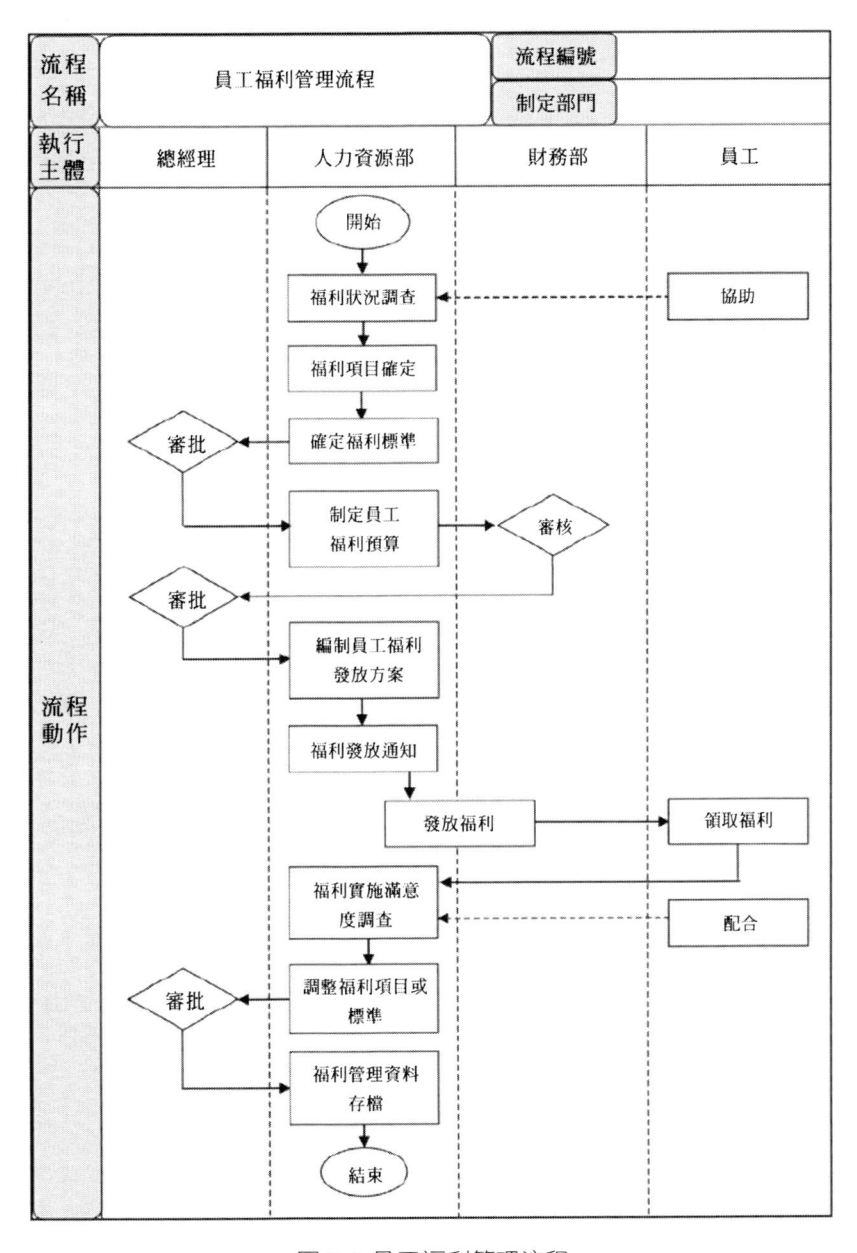

8.2.5 員工福利管理流程

員工福利管理流程如圖 8-6 所示：

圖 8-6 員工福利管理流程

8.3 薪酬管理標準

8.3.1 薪酬管理業務工作標準

薪酬管理業務工作標準主要包括薪酬體系設計管理工作標準、薪酬實施工作標準、薪酬計發管理工作標準等，具體的工作標準如表 8-2 所示：

表 8-2 薪酬管理業務工作標準

工作事項	工作依據與規範	工作成果或目標
薪酬體系設計管理	◆ 企業經營管理實際情況、薪酬調查管理制度、薪酬調查資料、同行業薪酬狀況、企業職位分析流程、崗位評價管理流程、企業薪酬預算等	(1) 薪酬體系完善率達100% (2) 薪酬調查覆蓋率達100% (3) 薪酬結構合理
薪酬實施與調整管理	◆ 員工薪酬管理制度、崗位說明書、薪酬調研報告、薪酬實施方案、薪酬調整管理辦法、員工績效考核結果等	(1) 薪酬調整及時率達100% (2) 薪酬預算達成率達__% (3) 員工薪酬滿意度評分在__分以上
薪酬計發管理	◆ 員工薪酬管理制度、薪酬核算流程、員工薪酬發放操作辦法、員工考勤數據、員工績效考核結果等	(1) 薪酬核算及時率達100% (2) 薪酬發放及時率達100% (3) 薪酬核算、發放錯誤次數為0

薪酬管理是企業人力資源管理的重要環節。在設計薪酬管理業務績效標準時，人力資源部可根據薪酬管理的工作職責，在薪酬調查管理、薪酬體系管理、薪酬實施與計發管理、員工關係管理、薪酬預算管理方面提取評估指標，設定評估標準，具體可參照表 8-3。

8.3.2 薪酬管理業務績效標準

表 8-3 薪酬管理業務績效標準

工作事項	評估指標	評估標準
薪酬調查管理	薪酬調查方案提交及時率	1.薪酬調查方案提交及時率=$\frac{薪酬調查方案及時提交次數}{應提交薪酬調查方案次數}\times 100\%$ 2.薪酬調查方案提交及時率應達到__%，每降低__個百分點，扣__分；低於__%，本項不得分
	薪酬調查結果的準確性	1.薪酬調查結果真實、準確、無誤 2.考核期內，薪酬調查結果每發生__次錯誤，扣__分；扣完為止
薪酬實施與計發管理	薪酬核算及時率	1.薪酬核算及時率=$\frac{薪酬及時核算次數}{薪酬核算總次數}\times 100\%$ 2.薪酬核算及時率應達到__%，每降低__個百分點，扣__分；低於__%，本項不得分
	薪酬計算差錯次數	1.薪酬計算差錯次數即薪酬計算結果發生錯誤的次數 2.薪酬計算差錯次數應為0，每增加1次，扣__分；多於__次，本項不得分
	薪酬發放及時率	1.薪酬發放及時率=$\frac{薪酬發放及時的次數}{薪酬發放的總次數}\times 100\%$ 2.薪酬發放及時率應達到__%，每降低__個百分點，扣__分；低於__%，本項不得分
員工薪酬滿意度管理	員工薪酬滿意度	1.員工薪酬滿意度是指員工對薪酬滿意度水平的算數平均數 2.員工薪酬滿意度應達到__分，每降低__分，扣__分；低於__分，本項不得分
	員工薪酬爭議及投訴次數	1.考核期內，員工薪酬爭議及投訴次數為0次 2.考核期內，員工薪酬爭議及投訴每增加一次，扣__分；多於__次，該項不得分

表8-3(續)

薪酬預算管理	薪酬預算編制及時率	1. 薪酬預算編制及時率＝$\dfrac{薪酬預算編制及時的次數}{薪酬預算編制的總次數}×100\%$ 2. 薪酬預算編制及時率應達到__%，每降低__個百分點，扣__分；低於__%，本項不得分
	薪酬總量預算安排達成率	1. 薪酬總量預算安排達成率＝$\dfrac{考核期內人工成本實際發生金額}{同期人工總成本預算}×100\%$ 2. 薪酬總量預算安排達成率應達到或低於__%，每增加__個百分點，扣__分；高於__%，本項不得分

8.4 薪酬管理制度

8.4.1 制度解決問題心智圖

企業在實施薪酬管理時，通常會遇到薪酬體系設計問題、薪酬調整問題以及薪酬發放問題等，以上問題均可透過制度解決。具體制度解決問題心智圖如圖 8-7 所示：

- 薪酬體系設計問題 — ♣ 薪酬體系設計不規範、不全面、不合理，致使薪酬差距大，缺乏內部公平

- 薪酬調整問題 — ♣ 薪酬調整程序不規範、調整不及時、調整方法不正確等

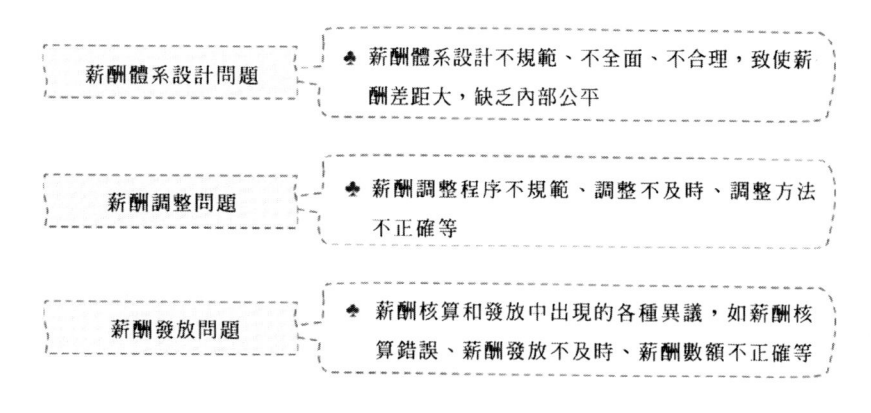

- 薪酬發放問題 — ♣ 薪酬核算和發放中出現的各種異議，如薪酬核算錯誤、薪酬發放不及時、薪酬數額不正確等

圖 8-7 薪酬管理制度解決問題心智圖

8.4.2 員工薪酬管理制度

員工薪酬管理制度如表 8-4 所示：

表 8-4 員工薪酬管理制度

制度名稱	員工薪酬管理制度		編　　號	
執行部門		監督部門		編修部門

第一章　總則

第1條　目的。

為達到以下兩項目的，特制定本制度。

1.規範本公司的薪酬管理工作，完善薪酬體系，充分發揮薪酬體系的激勵作用。

2.鼓勵員工共同致力於公司的不斷成長和可持續發展，同時共享公司發展所帶來的成果。

第2條　適用範圍。

本制度適用於本公司所有員工。

第3條　管理職責。

1.公司總經理負責對員工薪酬管理事宜進行全面管理和監控，並作出最終決策。

2.人力資源部負責具體員工薪酬管理事宜，包括搜集公司其他部門對薪酬管理的相關意見或建議、制定員工薪酬管理制度與獎金制度、計發員工薪酬等。

3.公司其他部門就薪酬管理事宜向人力資源部提出建議或意見，並執行人力資源部下發的相關文件等。

第4條　管理原則。

在員工薪酬管理過程中，人力資源部應堅持以下原則：

1.競爭原則，即公司薪酬水平保持在具有相對市場競爭力的水平上。

2.公平原則，即要使公司內部不同職務序列、不同部門、不同職位員工之間的薪酬相對公平合理。

3.激勵原則，即公司根據員工的貢獻決定員工的薪酬。

表8-4(續)

第二章 薪酬構成

第5條 按照人力資源的不同類別,公司對員工薪酬設計實行分類管理,著重體現崗位(或職位)價值和個人貢獻。

第6條 公司正式員工薪酬構成。

1.高層人員薪酬構成=基本年薪+年終效益獎+股權激勵+福利。

2.一般員工薪酬構成=崗位工資+績效工資+工齡工資+各種福利+津貼或補貼+獎金。

第三章 工資系列

第7條 根據不同職務性質,人力資源部將公司的工資劃分為行政管理、技術、生產、行銷、後勤五個系列。員工工資系列適用範圍詳見下表:

公司各工資系列適用範圍表

工資系列	適用範圍
行政管理系列	公司高層領導、各職能部門經理,以及行政部(勤務人員除外)、人力資源部、財務部、審計部所有職員
技術系列	產品研發部、技術工程部所有員工(各部門經理除外)
生產系列	生產部門、質量管理部門、採購部門所有員工(各部門經理除外)
行銷系列	市場部、銷售部所有職員
後勤系列	一般勤務人員,如司機、保安、保潔員等

第8條 高層管理人員工資主要包括基本年薪、年終效益獎、股權激勵三部分,具體說明如下:

1.基本年薪。

(1)基本年薪是高層管理人員的一個穩定的收入來源,它是由個人資歷和職位決定的(該部分薪酬應占高層管理人員全部薪酬的30~40%)。

(2)高層管理人員的基本年薪的薪酬水平由薪酬委員會來確定,確定的依據是上一年度的企業總體經營業績以及外部市場薪酬調查數據。

2.年終效益獎。年終效益獎是對高層管理人員經營業績的一種短

表8-4(續)

期激勵,一般以貨幣的形式於年底支付(該部分占高管全部薪酬的15%~25%)。

　　3.股權激勵。股權激勵是非常重要的一種激勵手段。股權激勵主要有股票期權、虛擬股票、限制性股票等方式(該部分所占全部薪酬比例應由高層管理人員與公司共同商定)。

　　第9條　一般員工工資主要包括崗位工資和績效工資兩部分,具體說明如下:

　　1.崗位工資。崗位工資主要根據崗位在公司中的重要程度確定工資標準。公司實行崗位等級工資制,根據各崗位所承擔工作的特性對員工能力要求不同,將崗位劃分為不同的級別。具體的劃分標準如下表:

公司職務等級劃分表

職等	決策類	管理類	技術類	生產	行銷	勤務類
十五	總裁、副總裁					
十四						
十三						
十二						
十一						
十		總經理、副總經理、各職能部門經理	高級工程師、工程師			
九						
八						
七						
六						
五				車間主任		
四					高級業務員	
三						
二						保安、司機等
一						

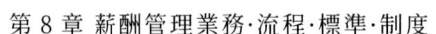

表8-4(續)

2.績效工資。

一般員工績效根據公司經營效益和員工個人工作績效計發。公司將員工績效考核結果分為五個等級,其標準見下表:

績效考核標準劃分

等級	S	A	B	C	D
說明	優秀	良	好	合格	差

第10條 加班工資。凡制度工作時間以外的出勤均視為加班,主要指休息日、法定休假日加班,以及8小時工作日的延長作業時間。

加班時間必須經主管認可,加班時間不足半小時的不予計算。加班費支付標準如下:

加班費支付標準

加班時間	加班費
工作日加班	每小時加班工資＝正常工作時間每小時×150%支付
休息日加班	每小時加班工資＝正常工作時間每小時(日)工資×200%支付
法定節假日加班	每小時加班工資＝正常工作時間每小時(日)工資×300%支付

第四章 員工福利

第11條 員工福利是指在基本工資和績效工資以外,為解決員工後顧之憂所提供的一定保障。

第12條 公司按照國家和地方相關法律規定為員工繳納各項社會保險。

第13條 公司按照《中華人民共和國勞動法》和其他相關法律規定為員工提供相關假期。法定假日共11天,具體說明如下表所示:

員工法定假日說明表

假日名稱	元旦	春節	清明節	勞動節	端午節	國慶節	中秋節
天數	1	3	1	1	1	3	1

第14條 公司為員工提供帶薪年假。員工在公司工作滿1年可享受5個工

表8-4(續)

作日的帶薪休假，以後在公司工作每增加一年可增加1個工(續)作日的帶薪休假，但最多不超過__天。

第15條 員工可享受的其他帶薪休假包括婚假、喪假、產假、哺乳假等有薪假期。

第16條 公司為員工提供補貼和津貼，具體說明如下：

1.住房補貼。公司為員工提供宿舍，因公司原因而未能享受公司宿舍的員工，公司為其提供每月__元的住房補貼。

2.學歷津貼與職務津貼。為鼓勵員工不斷學習，提高工作技能，特設立此津貼項目。其具體標準如下：

學歷津貼、職務津貼支付標準

津貼類別		支付標準
學歷津貼	本科	__元
	碩士	__元
	博士及以上	__元
職務津貼	初級	__元
	中級	__元
	高級	__元

3.午餐補助。公司為每位正式員工提供__元／天的午餐補助。

第五章 薪酬調整與發放

第17條 薪酬調整分為整體調整和個別調整兩種。

第18條 整體調整指公司根據國家政策和物價水平等宏觀因素的變化、行業及地區競爭狀況、企業發展策略變化以及公司整體效益情況而進行的調整，包括薪酬水平調整和薪酬結構調整，調整幅度由人力資源部根據公司經營狀況擬定調整方案，報總經理審批後確定。

第19條 個別調整主要指工資級別的調整，分為定期調整與不定期調整。具體說明如下：

1.定期調整，是指公司在年底根據年度績效考核結果對員工崗位工資

表8-4(續)

級別進行的調整。具體調整標準如下表所示：

薪級調整標準說明表

考核結果	職務工資升（降）級
年度累計4次及以上達到S級	＋3
年度累計3次及以上達到A級	＋2
年度累計沒有一次為C級及以下	0
年度累計2次及以上達到D級	－1
年度累計3次及以上達到D級	－2

2.不定期調整，是指公司年度中由於員工職務變動等原因對員工工資級別進行的調整。

第20條　員工工資實行月薪制。每月__日支付上月工資，以法定貨幣支付，若預支薪日為休假日時，則調整至休假日前一天發放。

第21條　公司應在員工工資中代扣以下項目。具體如下圖所示：

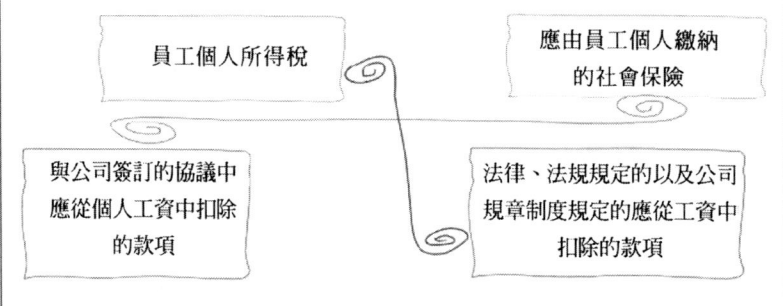

- 員工個人所得稅
- 應由員工個人繳納的社會保險
- 與公司簽訂的協議中應從個人工資中扣除的款項
- 法律、法規規定的以及公司規章制度規定的應從工資中扣除的款項

工資中的代扣項目

第六章　附則

第22條　本制度由人力資源部負責制定和解釋，並報總經理審核批准。

第23條　本制度自__年__月__日起開始實施。

編制日期		審核日期		批准日期	
修改標記		修改處數		修改日期	

8.4.3 薪酬調整管理辦法

薪酬調整管理辦法如表 8-5 所示：

表 8-5 薪酬調整管理辦法

制度名稱	薪酬調整管理制度		編　　號	
執行部門		監督部門	編修部門	

第1條　目的。

為了更加規範員工的薪酬管理事宜，完善公司的薪酬管理體系，進一步激發員工的工作熱情，提高員工生產的積極性，特制定本辦法。

第2條　適用情況。

本辦法適用於員工工資的特別調整、定期調整和轉正定級調整等相關工作(因特殊或重大貢獻，公司單獨予以晉級或加薪的，不適用於本制度)。

第3條　術語解釋。

1.轉正定級調整，是指試用期人員試用期滿，或試用期未滿但表現特別突出經考察符合公司用人標準，予以(提前)轉為正式員工的工資調整。

2.工資特別調整，是指轉正後有特別表現或對公司及部門有特殊貢獻，業績顯著的公司員工或因員工個人工作過失給公司業務或聲譽造成重大損失者，對其工資進行的調整(該類調整不受時間限制)。

3.工資定期調整，是指根據員工的日常考核結果對員工進行的定期薪酬調整(工作不到一年的員工的調薪時間根據個人的實際表現狀況而定)。

第4條　管理職責。

1.公司總經理負責根據公司的工資政策對員工薪酬的調薪建議進行審批，保證調薪結果符合公司規定的工資結構和工資政策等。

2.人力資源部負責調查調薪對象的實際工作表現，包括調查其實際擔任職務的能力和工作績效與態度等；對調薪標準進行審查；對申報材料的真實性和調薪標準的合理性進行審核。

3.調薪員工所在部門協助人力資源部對申請調薪人員進行調查與考核，並根據員工的實際表現向人力資源部提出調薪建議。

4.調薪員工向本部門及人力資源部提出調薪的書面申請，並接受相關

表8-5(續)

調薪調查與考核等。

第5條 薪酬調整內容。

薪酬調整的內容包括但不限於下列六個方面：基薪調整、績效工資調整、獎金調整、工資總額調整、工資等級調整、津貼補貼調整。

第6條 薪酬調整方法。

公司定於每年度__月份實施薪酬整體調整，調整依據為員工上一年度績效考核評價結果級日常工作的綜合表現。具體的調薪方法說明如下表所示：

員工薪酬調整方法說明表

考核等級	考核分數	調薪說明
A	90~100分	根據工作表現，原工資標準上浮__%~__%
B	80~89分	根據工作表現，原工資標準上浮__%~__%
C	70~79分	根據工作表現，原工資標準上浮__%~__%
D	60~69分	原工資標準維持不變
E	59分及以下	原工資標準降__%

第7條 申請加薪的條件。

除公司對薪酬進行整體調整外，公司各部門負責人可根據本部門員工的工作表現申請增加部門員工薪酬，申請加薪的條件如下：

1.提出加薪調整前六個月內無違反公司各項管理規定的行為發生。

2.三個月內無早退、曠工紀錄，且遲到次數不得多於3次(含3次)。

3.六個月內無公司通報批評或以上的處分。

4.六個月內出勤率保證在95%以上。

5.六個月內月績效考核分數未低於97分。

6.其他考核，部門可根據具體工作表現定奪。

第8條 薪酬調整程序。

1.員工根據自己的工作狀態等向本部門及人力資源部提出薪資調整申請，並提供薪資調整所需要的各項資料及文件等。加薪申請表如下表所示。

8.4 薪酬管理制度

表8-5(續)

<table>
<tr><td colspan="6" align="center">加薪申請表</td></tr>
<tr><td>姓名</td><td></td><td>職位</td><td></td><td>部門</td><td></td></tr>
<tr><td>入職時間</td><td></td><td>目前薪酬水平</td><td></td><td>預加薪額</td><td></td></tr>
<tr><td colspan="6" align="center">加薪原因</td></tr>
<tr><td>近六個月工作表現</td><td colspan="5"></td></tr>
<tr><td>績效考核情況</td><td colspan="5"></td></tr>
<tr><td>個人考勤情況</td><td colspan="5"></td></tr>
<tr><td>遵守公司紀律情況</td><td colspan="5"></td></tr>
<tr><td>受獎勵及處分情況</td><td colspan="5"></td></tr>
<tr><td>其他說明</td><td colspan="5"></td></tr>
<tr><td rowspan="3">審批意見</td><td colspan="2">員工所在部門</td><td colspan="3"></td></tr>
<tr><td colspan="2">人力資源部</td><td colspan="3"></td></tr>
<tr><td colspan="2">總經理</td><td colspan="3"></td></tr>
<tr><td>備註</td><td colspan="5"></td></tr>
</table>

2.薪酬主管負責收員工的薪資調整申請材料等，並按崗位等對各訊息資料進行整理匯總，交人力資源部部經理進行審核。

3.人力資源部經理對相關資料進行審核確認後，據申請材料對各人員的工作表現及工作業績等進行實地考察。在考察過程中，調薪員工所在部門應協助人力資源部進行相關調查與考核，並針對調薪事宜提出相關建議。

4.人力資源部對各部門員工的薪資調整調查結束後，應與員工所在部門主管及經理商定各類員工薪酬的調薪幅度。

5.調薪幅度確定後，人力資源部應將調薪相關資料交公司總經理進行審核確定。確定無誤後，人力資源部將薪酬調整結果回饋相關部門及人員，並處理相關人員的薪酬調整申訴。

6.申訴處理後，人力資源部組織正式執行薪酬調整政策。

第9條 薪酬調整注意事項。

1.加薪的員工，如有嚴重違反公司相關管理制度，並給公司造成不良

表8-5(續)

後果及影響的，將視情況，給予降薪等處分，直至除名。

　　2.從申報開始，相關薪酬調整文件須有直接上級和部門主管的簽名，審核者必須了解申請調薪人員的實際情況。

　　3.若薪酬調整人員的工資等級已超出本級申報範圍者，員工所在部門可以向人力資源部提出建議，由人力資源部決定是否提出申報。

　第10條　本辦法由人力資源部制定，其解釋權、修訂權歸人力資源部所有。

　第11條　本辦法自總經理審核通過後執行，修改、廢止亦應經公司總經理批准。

編制日期		審核日期		批准日期	
修改標記		修改處數		修改日期	

8.4.4 薪酬發放操作辦法

薪酬發放操作辦法如表8-6所示：

表8-6　薪酬發放操作辦法

制度名稱	薪酬發放管理制度	編　號	
執行部門		監督部門		編修部門	

　第1條　目的。

　　為了完善公司薪酬發放管理體系，加強對員工薪酬發放過程的監督與管理，特制定本制度。

　第2條　適用範圍。

　　本辦法適用於對員工薪酬進行發放的全部工作。

　第3條　管理職責。

　　1.公司總經理負責對員工薪酬發放工作進行全面監督和控制，並指導財務部進行薪資發放。

　　2.公司分管副總負責對薪酬資料進行核對，複核人力資源部上報的薪酬匯總資料。

表8-6(續)

3.人力資源部負責對各部門員工的薪酬進行核算，員工薪資發放後對薪資發放資料進行統計和整理，完善薪資管理檔案。

4.財務部積極配合人力資源部進行薪酬核算，並負責薪酬發放的具體操作工作。

第4條　提交薪資核算的各項資料。

公司各部門應於每月__前向人力資源部提交本部門員工的薪資核算資料，主要包括「員工考勤紀錄表」「績效考核表」「請假登記表」「薪資調整申請單」等。

第5條　報薪資料核對。

人力資源部對各部門提交的考勤紀錄等報薪資料進行核對，確定與員工本人實際工作狀況是否相符。

第6條　編制薪資料匯總表。

人力資源部根據報薪資料的核對結果編制各部門員工的「出勤匯總表」「績效考核匯總表」「請假登記表」「薪資調整申請單」等，並由各部門負責人進行簽字確認。

第7條　計算薪資。

人力資源部收到各部門負責人簽字確認的「出勤匯總表」「績效考核匯總表」「請假登記表」「薪資調整申請單」等候，應將各部門的出勤匯總訊息、績效考核訊息、請假登記等訊息進行電腦錄入，並根據員工薪酬等級與水平計算員工薪資數額，並編製「薪酬明細表」。

第8條　薪資審核。

1.計算公司員工的薪資後，人力資源部是經理應對各部門的「薪酬明細表」進行審核，審核無誤後交分管副總。

2.公司分管副總負責對「薪酬明細表」進行複核，確認無誤後，呈報公司總經理進行審批。

3.公司總經理對公司員工的「薪酬明細表」簽署意見，進行最終簽批。

第9條　薪資發放。

1.人力資源部將「薪資明細表」轉交給財務部，由財務部具體處理薪資的發放事宜。

表8-6(續)

2.財務部根據人力資源部轉交的「薪資明細表」，填寫「付款審批單」，交公司總經理進行審核。

3.總經理審核後，財務部應與付款銀行取得聯繫，根據簽訂的代發工資協議委託該銀行按照公司員工的「薪資明細表」發放員工的薪酬，並支付相應手續費。

第10條 製作薪資條及薪資發放台帳。

1.銀行將公司員工薪資匯入其個人帳戶後，財務部應向銀行領取付款憑證，並根據付款憑證編製員工「薪資條」及「薪資發放台帳」，轉交人力資源部進行管理。

2.人力資源部將「薪資條」及「薪資發放台帳」發放至各部門主管，由各部門主管組織部門成員確認簽收薪資等。

3.員工確認無誤後，人力資源部負責對工資簽收紀錄進行整理歸檔；若員工發現本人薪資發放存有異常，應自工資簽發之日起＿內填寫「薪資發放異常登記表」，交部門主管進行審核。

第11條 薪酬發放問題處理。

當員工薪資發放出現問題時，公司應按以下流程進行處理；

1.提出申訴。

(1)員工發現本人的薪資發放出現問題時，應在第一時間將主要問題上報本部門主管。部門主管確認後，應對本部門其他員工的薪酬的發放情況進行統計，確認薪酬發放錯誤的範圍。

(2)範圍確定後，各部門主管應將本部門員工的薪酬發放問題上報人力資源部，就薪酬發放問題進行上訴。上訴期間以不超過＿個工作日為限。

薪酬發放的問題主要有薪酬金額發放錯誤、薪酬計算錯誤、薪酬延誤發放等。

2.申訴受理。

人力資源部受理部門主管的薪酬發放申訴後，應針對錯誤的類型對發放問題進行調查，確定責任人及責任部門等。

3.申訴處理。

表8-6(續)

> (1)若因財務部門疏忽等原因造成員工的薪酬發放錯誤,則財務部人員應與公司員工商定薪酬補差的具體時間和方式。
>
> (2)若因人力資源部的薪酬核算錯誤致使公司員工薪酬發放錯誤,人力資源部應重新對該員工的薪酬數據進行核算,查找核算問題出處,避免再次出現類似錯誤,並與員工商定薪酬補差的具體時間和方式。
>
> 第12條 本辦法由人力資源部制定,其解釋權、修訂權歸人力資源部所有。
>
> 第13條 本制度自總經理批准後開始實施。

編制日期		審核日期		批准日期	
修改標記		修改處數		修改日期	

第 9 章 晉升調職業務·流程·標準·制度

9.1 晉升調職業務模型

9.1.1 晉升調職業務工作心智圖

為了提高員工對企業的向心力和對工作的積極性，企業通常會對工作業績突出或工作表現良好的員工進行晉升調職管理。晉升調職管理的工作大項包括員工晉升管理、員工調職管理、員工晉升調職檔案管理等內容，具體的工作業務心智圖如圖 9-1 所示：

工作內容	內容說明	相關審核人員
晉升管理	• 根據企業人力資源管理相關制度要求，確定晉升的條件、幅度、週期等，並辦理晉升手續	★人力資源部經理進行審核 ★公司總經理進行審批
調職管理	• 根據企業員工的工作能力、工作業績及公司發展需要等，辦理調職手續 • 調職包括崗位輪換、降職、借調等	★人力資源部經理進行審核 ★公司總經理進行審批
檔案管理	• 對晉升及調職員工的檔案進行保管、維護、更新等	★檔案主管進行審核 ★人力資源部經理進行審批

圖 9-1 晉升調職業務工作心智圖

9.1.2 晉升調職主要工作職責

員工晉升調職是員工職位異動的典型表現。在員工晉升調職管理方面，人力資源部承擔的主要職責說明如表 9-1 所示。

表 9-1 晉升調職管理工作職責說明表

工作職責	職責具體說明
晉升管理	1.合理規劃員工晉升管道及晉升機制、晉升流程，保證職位晉升的公平性，並提高晉升工作的效率 2.根據員工工作年限及工作表現等確定合理的薪資晉升幅度及範圍等，以提高員工工作的積極性 3.根據工作崗位及工作性質的不同合理確定員工晉升的週期，並確定員工晉升的主要依據及晉升條件 4.定期對員工工作進行評估，根據晉升條件與流程等為相關人員辦理晉升手續 5.總結晉升工作的經驗及教訓，並及時處理不合理的晉升因素，保障晉升機制的良性運行
調職管理	1.根據企業相關制度規範員工調職事宜，並對員工的調職條件及資格進行合理解釋與說明 2.規範員工調職程序，保證員工在調職前做好各項工作的交接事宜，以保證企業各方面業務的穩定發展 3.按時為調職員工辦理調職手續
員工晉升調職檔案管理	1.對員工晉升、調職等工作檔案及相關資料進行收集、整理，並按照檔案管理的相關要求對員工晉升及調職資料等進行合理保管 2.定期對員工晉升、調職等檔案進行更新和維護，以保證員工晉升、調職等檔案的完整性

9.2 晉升調職管理流程

9.2.1 主要流程設計心智圖

人力資源部對晉升調職管理流程進行設計，有利於明確晉升調職管理的責任主體，規範晉升調職業務程序，保證企業晉升調職工作順利進行。在設計晉升調職流程時，人力資源部可根據晉升調職包含的具體工作事項，在職業生涯規劃、職位調動、職位晉升、職位輪換四個角度設計主要晉升調職流程，具體可設計的流程如圖 9-2 所示：

職業規劃
1. 員工職業生涯規劃流程
2. 職業發展管道設計流程

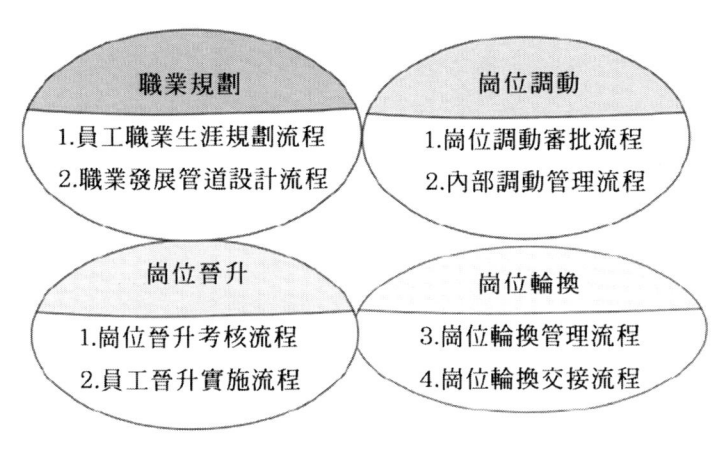

崗位調動
1. 崗位調動審批流程
2. 內部調動管理流程

崗位晉升
1. 崗位晉升考核流程
2. 員工晉升實施流程

崗位輪換
3. 崗位輪換管理流程
4. 崗位輪換交接流程

圖 9-2 晉升調職主要流程設計心智圖

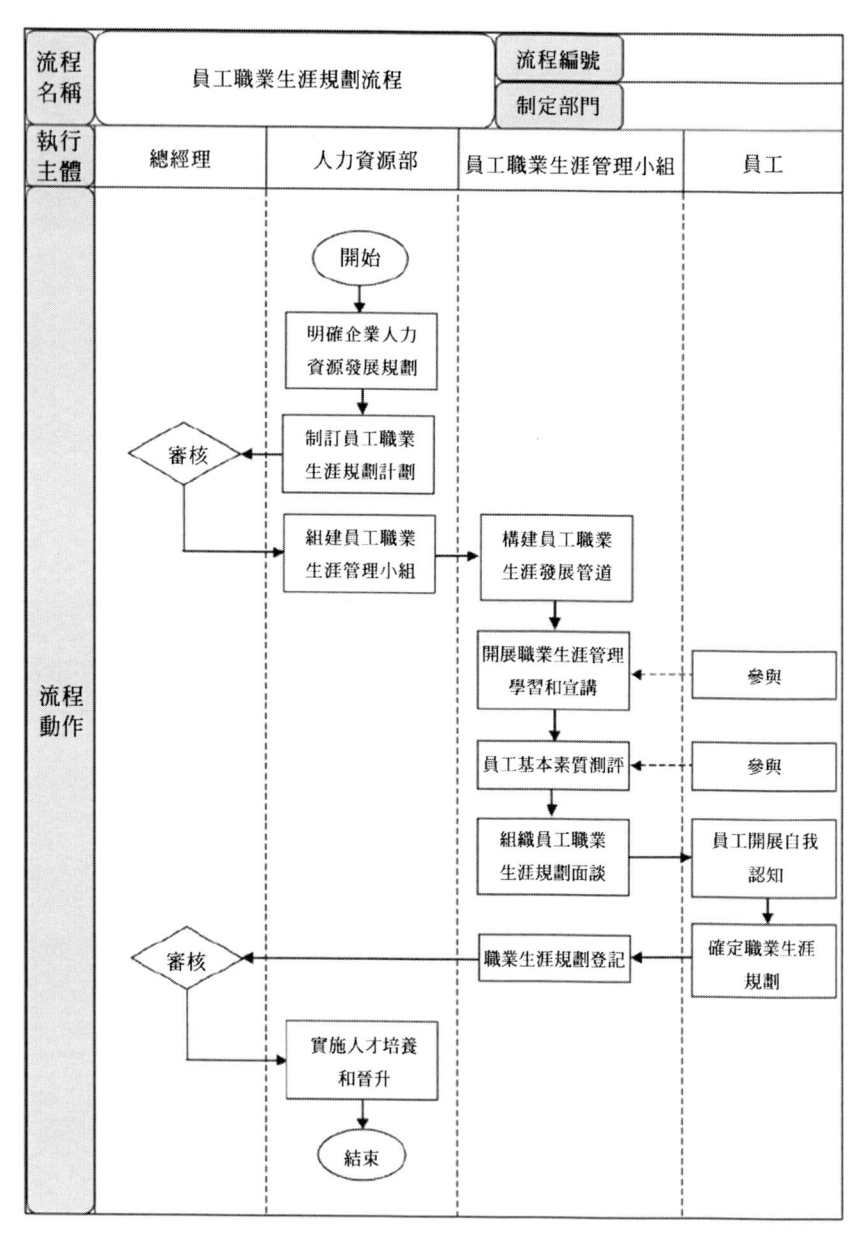

9.2.2 員工職業生涯規劃流程

員工職業生涯規劃流程如圖 9-3 所示：

圖 9-3 員工職業生涯規劃流程

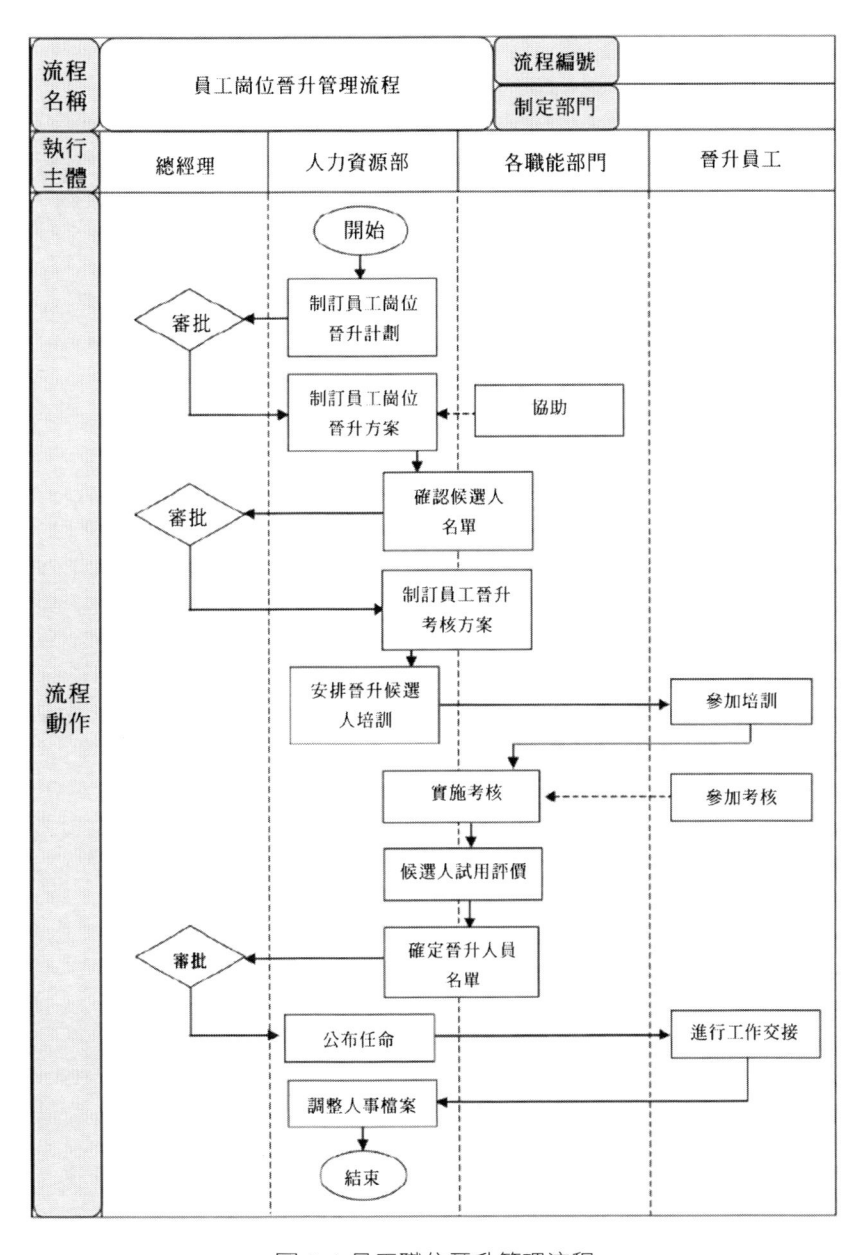

9.2.3 員工職位晉升管理流程

員工職位晉升管理流程如圖 9-4 所示：

流程名稱	員工崗位晉升管理流程	流程編號	
		制定部門	
執行主體	總經理	人力資源部	各職能部門	晉升員工

流程動作：

- 開始
- 制訂員工崗位晉升計劃（審批）
- 制訂員工崗位晉升方案 ← 協助
- 確認候選人名單（審批）
- 制訂員工晉升考核方案
- 安排晉升候選人培訓 → 參加培訓
- 實施考核 ⇢ 參加考核
- 候選人試用評價
- 確定晉升人員名單（審批）
- 公布任命 → 進行工作交接
- 調整人事檔案
- 結束

圖 9-4 員工職位晉升管理流程

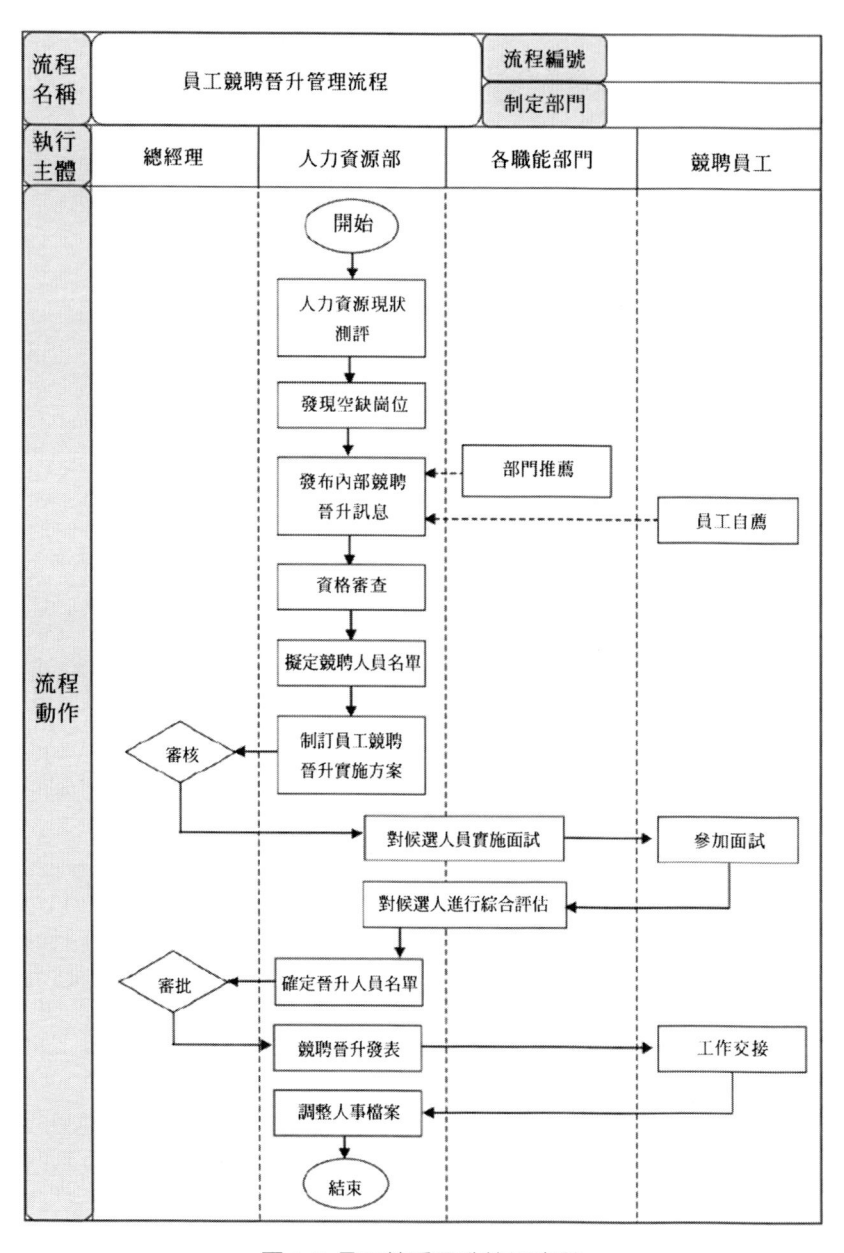

9.2.4 員工競爭晉升管理流程

員工競爭晉升管理流程如圖 9-5 所示：

圖 9-5 員工競爭晉升管理流程

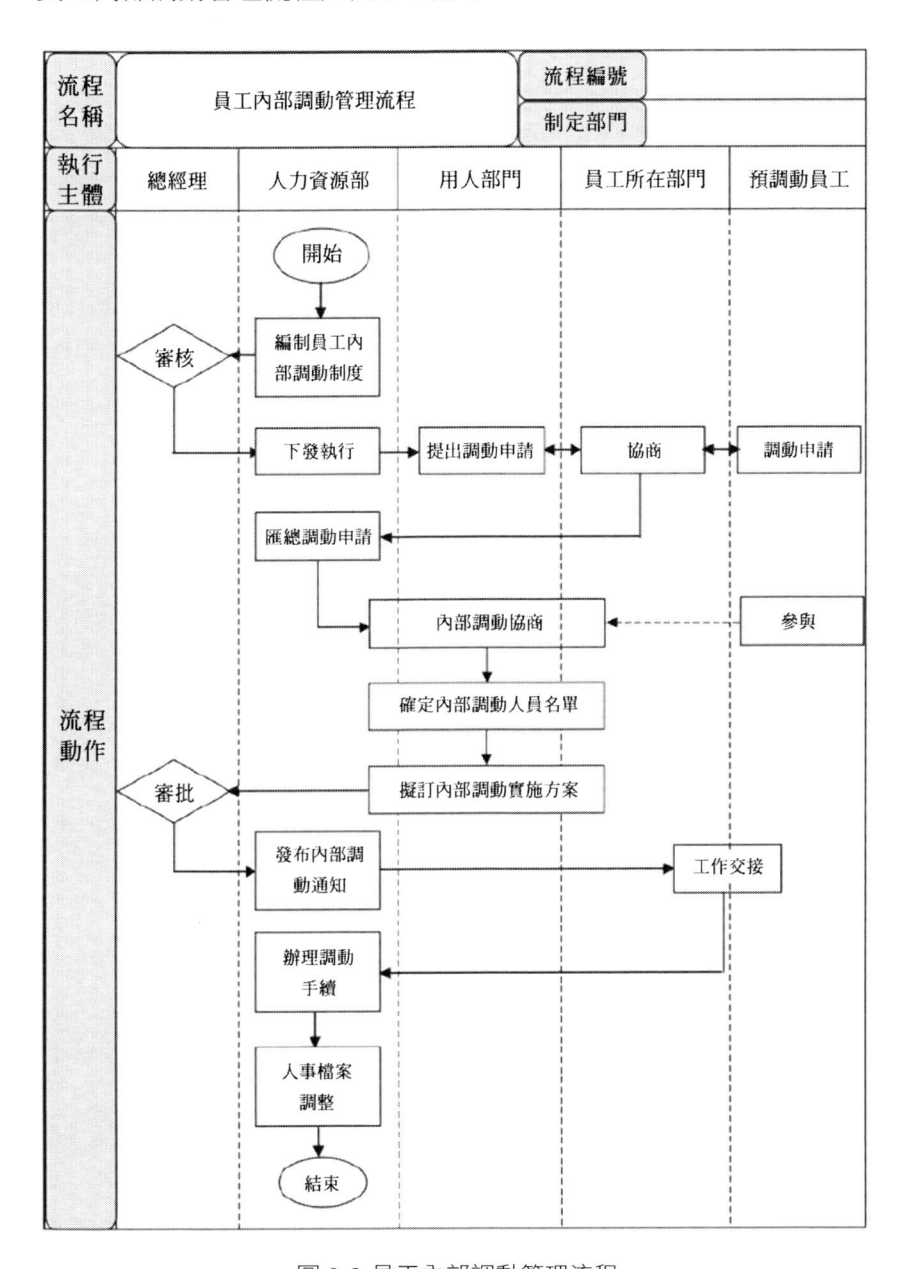

9.2.5 員工內部調動管理流程

員工內部調動管理流程如圖 9-6 所示：

圖 9-6 員工內部調動管理流程

9.3 晉升管理管理標準

9.3.1 晉升管理業務工作標準

企業晉升調職管理業務可按如下工作標準開展，具體如表 9-2 所示：

表 9-2 晉升管理業務工作標準

工作事項	工作依據與規範	工作成果或目標
晉升考核及手續辦理	• 人力資源管理制度、企業員工職業生涯管理規範、員工晉升考核制度、員工晉升實施流程、員工工作績效、員工職業生涯規劃等	(1)員工晉升合理率達100% (2)晉升人員適任率達100% (3)晉升手續辦理及時率達100%
調職溝通及手續辦理	• 人力資源管理制度、員工調職溝通管理規範、員工調職溝通說明書、員工調職手續辦理流程、員工調整崗位、員工現崗位工作情況等	(1)調職溝通及時率達__% (2)員工調職不良情緒及時疏導 (3)調職手續辦理及時
晉升調職檔案保管維護	• 員工檔案管理制度及流程、員工晉升調動通知、晉升調職資料文件等	(1)調職檔案完整率達__% (2)調職檔案及時更新率達100%

9.3.2 晉升管理業務績效標準

企業在設計晉升管理業務績效標準時，可參照表 9-3 所示的評估指標與標準進行設計。

表 9-3 晉升管理業務績效標準

工作事項	評估指標	評估標準
晉升管理	晉升考核普及率	1.晉升考核普及率= $\dfrac{參加晉升考核的員工人數}{需要進行晉升考核的員工人數} \times 100\%$ 2.晉升考核普及率應達到__%，每降低__個百分點，扣__分；低於__%，本項不得分
	晉升人員適任率	1.晉升人員適任率= $\dfrac{晉升人員適合新崗位的數量}{晉升的員工總數} \times 100\%$ 2.晉升人員適任率應達到__%，每降低__個百分點，扣__分；低於__%，本項不得分
	晉升手續辦理及時率	1.晉升手率辦理及時率= $\dfrac{及時辦理晉升手續次數}{應辦理晉升手續次數} \times 100\%$ 2.晉升手續辦理及時率應達到__%，每降低__%，扣__分；低於__%，本項不得分
	晉升公平合理性	1.員工晉升公平、合理，無違規行為，無員工投訴事件 2.考核期內，每發生1次員工投訴事件，扣__分；扣完為止
調職管理	員工調職任務完成率	1.員工調職任務完成率= $\dfrac{員工調職任務完成的個數}{員工調職任務的總數} \times 100\%$ 2.員工調職任務完成率應達到__%，每降低__個百分點，扣__分；低於__%，本項不得分
	員工調職申訴率	1.員工調職申訴率= $\dfrac{進行調職申訴的員工數}{需要進行崗位調職的員工數} \times 100\%$ 2.員工調職申訴率應少於__%，每增加__個百分點，扣__分；高於__%，本項不得分

表 9 - 3（續）

	調職管理滿意度	1.員工對調職管理工作滿意度評分的算術平均數 2.考核期內，調職管理滿意度評分應達到 __ 分，每降低 __ 分，該項扣 __ 分；低於 __ 分，本項不得分
員工檔案管理	員工檔案變更及時率	1.員工檔案變更及時率＝$\dfrac{\text{及時變更的員工檔案數}}{\text{需要進行變更的員工檔案數}} \times 100\%$ 2.員工檔案變更及時率應達到 __ %，每降低 __ 個百分點，扣 __ 分；低於 __ 分，本項不得分
	員工晉升調職檔案出錯率	1.員工晉升調職檔案出錯率＝$\dfrac{\text{出現差錯的晉升調職檔案份數}}{\text{晉升調職檔案的總份數}} \times 100\%$ 2.員工晉升調職檔案出錯率應低於 __ %，每增加 __ 個百分點，扣 __ 分；高於 __ 分，本項不得分

9.4 晉升調職管理制度

9.4.1 制度解決問題心智圖

員工晉升調職管理制度主要能解決晉升事項不明、職位調動程序不規範、職位輪換手續不當等問題，具體說明如圖 9-7 所示：

- 晉升事項不明 ♣ 企業的晉升原則、晉升條件、晉升種類、晉升形式等沒有明確規定，晉升考核不成體系，晉升程序不規範等

- 崗位調動程序不規範 ♣ 崗位調動條件不夠明確，崗位調動審核審批權限不符合要求，崗位調動程序混亂，崗位調動手續辦理事項不明

- 崗位輪換手續不當 ♣ 崗位輪換條件不明，崗位輪換的崗位、人員、人數、工作要求、時限等沒有明確規定，崗位輪換程序不當，崗位輪換手續辦理不及時辦理等

圖 9-7 晉升調職管理制度解決問題心智圖

9.4.2 員工職位調動管理制度

員工職位調動管理制度如表 9-4 所示：

表 9-4 員工職位調動管理制度

制度名稱	員工崗位調動管理制度	編　　號	
執行部門		監督部門	編修部門

第1條　目的。

為了進一步規範公司內部員工的崗位調動管理工作，完善公司內部人員配置，提高公司員工的崗位適任率，特制定本制度。

第2條　適用範圍。

本制度適用於公司所有正式員工。

第3條　管理職責。

1.公司總經理負責員工崗位調動事宜進行全面管理和監控，並做出最終決策。

2.人力資源部應具體負責員工崗位調動事宜，包括對員工進行崗位晉升管理、員工降職(降薪)手續辦理、員工借調手續辦理、員工崗位輪換管理等。

3.公司其他部門配合人力資源部開展各項崗位調動工作。

第4條　崗位調動原則。

對員工進行調動時，人力資源部及相關部門管理人員應堅持下圖所示原則：

適合原則	進行崗位調動、應確保到崗員工的能力、意願和經驗達到該崗位要求
試用考察原則	員工調動到新工作崗位後，應予以適當的試用期，以獲得證實其勝任該工作崗位的證據
溝通原則	員工崗位調動，必須確保與相關管理崗位人員進行充分的溝通並獲得支持或許可

員工崗位調動原則說明圖

表9-4(續)

第5條 崗位調動類型。

公司員工崗位調動分為晉升、降職(降薪)、借調及崗位輪換四種類型，具體說明如下：

1.崗位晉升。員工因工作業績突出、工作表現良好、對公司有重大貢獻、給公司帶來重大經濟效益而受到公司提拔的崗位調動情況。

2.降職(降薪)。員工工作不努力，思想作風差，工作成績不佳，不能擔任現職工作，或在工作期間出現重大工作紕漏給公司帶來重大經濟損失等而引起崗位調動的情況。

3.借調。公司因業務需要，可將員工借調到公司內的其他部門的崗位調動情況。

4.崗位輪換。公司因業務需要，讓員工輪換擔任若干不同崗位的做法，開發員工多種工作技能。

第6條 員工晉升管理。

1.人力資源部依據公司各部門的考核資料，協調各部門主管確定各部門晉升建議名單，由人力資源部經理對晉升建議名單以及需要晉升的崗位、人員、人數、工作要求進行最終確定。

2.根據員工晉升管理原則，符合員工晉升條件的員工可以申請崗位晉升，對於公司的突出貢獻者或給公司帶來重大經濟利益的員工，公司可予以破格晉升(員工晉升管理的具體程序及說明可參照公司「員工晉升管理制度」進行)。

第7條 員工降職(降薪)管理。

1.公司對員工進行降職(降薪)管理，應符合以下具體條件：

(1)月度績效考核連續三個月不合格。

(2)年度績效考核不合格。

(3)因不能勝任本職工作，平調又沒有空缺。

(4)因自身能力不足或健康等原因，本人申請降職。

(5)多次違反公司相關規定，公司高層研究決定給予降職(降薪)。

(6)由於組織結構調整或組織結構精簡，而進行的人員分流調崗。

2.降職管理程序如下：

9.4 晉升調職管理制度

表9-4(續)

(1)被降職(降薪)員工所在部門負責人或員工本人向人力資源部申請調職(降職)，並填寫「員工申請降職(降薪)說明表」，詳細說明要求降職(降薪)的原因。

(2)人力資源部會同各相關部門負責人對需要降職的人員進行溝通協商，根據公司規定確認降職後的職位、薪資及各項福利等相關事宜。

(3)人力資源部填寫「員工調動表」，交予公司各相關部門負責人簽名確認後，報公司總經理審批。

(4)公司總經理對員工降職(降薪)事宜予以審批後，人力資源部與需降職的員工進行談話，就相關事宜給予告知，並進行工作勉勵。

(5)降職(降薪)人員與所在部門負責人進行協商工作交接事宜(一般3~10天)，交接完畢後到新部門或新崗位報到上班。

3.對員工進行降職(降薪)管理時，公司應注意以下具體事項：

(1)員工收到降職通知後，應於指定日期內辦理好相關工作交接手續，履任新職，不得借故推諉或拒絕交接。

(2)如果被降職的員工對降職(降薪)處理結果不滿，可向人力資源部提出申請，未經核准不得出現離開新職或怠工現象。

第8條 崗位借調管理。

1.公司各部門因工作業務繁重等原因造成當部門無法應付時，可向人力資源部申請借調公司其他部門工作人員，並出具書面借調函，並在借調函中明確說明需要借調的人數以及借調日期、期限等。

2.公司人力資源部對借調函進行核准後，徵求被借調部門意見，向借調部門復函，並由三方確定借調的具體事宜等。

3.被借調部門確定好可借調人員名單後，交由人力資源部對名單進行審核確認。

4.人力資源部對借調名單進行審核確認後，交由公司總經理進行審批，審批通過後，發出借調通知，通知被借調人員在規定時限內做好工作交接及新部門的報到工作。

第9條 崗位輪換管理。

1.公司在每一會計年度之初制訂崗位輪換管理計劃及方案，並按照計

表9-4(續)

劃及方案的具體內容對公司各崗位員工實施崗位輪換管理。

  2.在進行崗位輪換管理時，人力資源部應嚴格按照崗位輪換程序開展各項崗位輪換工作，以避免出現崗位輪換秩序混亂。

  第10條 本制度由人力資源部負責制定和修改，並由人力資源部對該制度進行解釋和說明。

  第11條 本制度自公司總經理審批通過後執行。

編制日期		審核日期		批准日期	
修改標記		修改處數		修改日期	

9.4.2 員工崗位晉升管理制度

原工崗位晉升管理制度表9-5所示：

表9-5 員工崗位晉升管理制度

制度名稱	員工崗位晉升管理制度	編 號	
執行部門		監督部門		編修部門	

  第1條 目的。

  為了不斷提高員工的業務能力和工作素質，充分調動全體員工的主動性和積極性，激發員工進取心，並在公司內部營造公平、公正、公開的員工競爭機制，規範公司員工的晉升、晉級工作流程，特制定本制度。

  第2條 適用範圍。

  本制度適用於公司所有正式員工的晉升管理工作(試用期員工不適用此制度)，包括晉升申請審批、晉升考核、晉升手續辦理等工作。

  第3條 管理職責。

  1.公司總經理負責對員工晉升等的相關事宜進行最終決策，並監督各部門對員工晉升決策的執行狀況，以保證員工按程序順利晉升。

  2.公司人力資源部全面負責公司的員工晉升管理事宜，包括制定員工晉升管理制度，說明員工晉升的條件、資格、範圍，員工晉升程序等。

  3.公司員工所在部門經理負責對晉升員工進行相關考核，並將考核結

果上報人力資源部，由人力資源部確定員工是否晉升。

第4條 晉升原則。

對員工實施晉升管理時，人力資源部應堅持以下五項原則：

1. 符合公司及部門工作的實際需要。
2. 晉升方向與個人職業生涯規劃方向一致。
3. 能者上、平者讓、庸者下。
4. 公平、公正、公開。
5. 在原崗位至少任職半年，且績效優秀。

第5條 晉升較高職位必須具備的條件。

1. 較高職位所需技能。
2. 相關工作經驗和資歷。
3. 在職工作表現良好。
4. 完成較高職位所需的相關課程訓練。

第6條 員工崗位晉升種類。

員工崗位晉升種類分為員工部門內部晉升和員工部門之間晉升。

1. 員工部門內部晉升是指員工在本部門內的崗位變動，由公司各部門主管根據部門實際情況確定可以晉升的員工名單，待員工通過考核後由人力資源部做出具體安排。

2. 員工部門之間晉升是指員工從本部門晉升到公司內部其他部門的晉升情況。這種晉升由公司人力資源部與員工可能晉升到的部門共同制定晉升考核方案，員工通過考核後，由人力資源部填寫「員工晉升調崗調動表」，經公司總經理審批通過後對晉升員工做出具體安排。

第7條 員工晉升的形式。

員工晉升的形式分為定期晉升和不定期晉升兩種情況。

1. 定期晉升分為季度晉升和年度晉升兩種情況。人力資源負責制訂每季度及年度的員工晉升考核方案及考核計劃等，在公司內部進行統一的晉升考核。

2. 不定期考核是指在工作過程中，員工對公司有特殊貢獻、員工在工作期間表現優異、給公司帶來重大經濟效益的，公司可隨時對該員工予以晉升。

第8條 晉升操作程序。

表9-5(續)

1.人力資源部依據公司各部門考核資料，協調各部門主管確定各部門晉升建議名單，由人力資源部經理對晉升建議名單進行最終確定。對於不定期晉升，公司應另行規定。

2.根據員工晉升管理原則，符合員工晉升條件的員工可以申請崗位晉升，對於公司的突出貢獻者給公司帶來重大經濟利益的員工，公司可予以破格晉升。具體說明如下：

(1)員工本人申請崗位晉升的，需符合下圖所示相關條件，並應填寫「員工晉升考核表」，對自己的工作業績及表現等進行總結。人力資源部與員工所在部門主管共同確定員工晉升考核方案後對員工實施晉升考核。員工考核通過後，員工所在部門主管領導、人力資源部經理和公司總經理審批後，人力資源部門為晉升員工辦理崗位晉升手續。

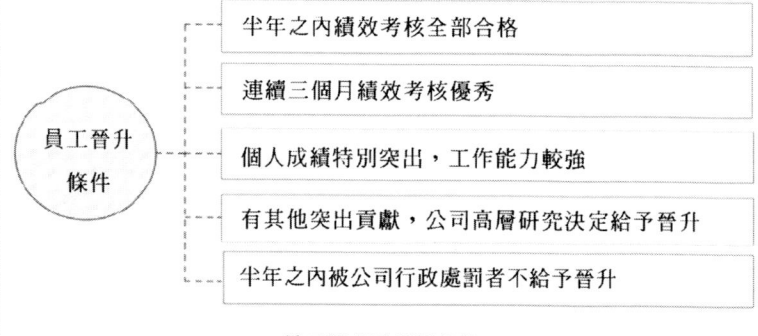

```
                ┌─── 半年之內績效考核全部合格
                │
                ├─── 連續三個月績效考核優秀
   員工晉升      │
     條件       ├─── 個人成績特別突出，工作能力較強
                │
                ├─── 有其他突出貢獻，公司高層研究決定給予晉升
                │
                └─── 半年之內被公司行政處罰者不給予晉升
```

員工晉升需滿足條件

(2)對於公司的突出貢獻者或給公司帶來重大經濟利益的員工，公司可對其予以特別提拔，經公司總經理審批通過後，轉人力資源部門辦理調動手續。

3.人力資源部組織晉升考核通過的晉升人員填寫「員工晉升表」，交由相關部門負責人進行簽名確認，並報公司總經理審批後出具「職務任命書」，進行公司內部公告。

4.職務公告一天內，人力資源部開具調動通知書給晉升員工，晉升員工與所在部門負責人協商工作交接事宜(一般3~10天)，交接完畢後由所在部門負責人簽名確認。

表9-5(續)

　　5.晉升員工持「調動通知」到新部門或新崗位報到上班當日，由新部門負責人簽名確認後交人力資源部備案。

　　第9條　晉升核定權限。

　　1.中部管理職位由公司高層領導進行核定。

　　2.各部門主管晉升由其所在部門經理提議，並呈公司總經理進行核定。

　　3.各部門主管以下各級人員晉升，由各部門主管提議，經部門經理、公司總經理進行逐級核定。

　　第10條　晉升管理其他事項。

　　1.員工崗位晉升後，相關部門必須做好新到員工的部門培訓工作，如有必要，相關部門可以指定專人帶領域或引導。

　　2.員工到新的工作崗位報到前，應做好原崗位的工作交接，以確保公司各項工作的順利開展。

　　3.員工接到晉升通知後，應在指定日期內辦妥移交手續，就任新職。

　　4.凡因晉升變動職務的，其薪酬晉升之日起由人力資源部重新核定。

　　第11條本制度由人力資源部負責制定和修改，並由人力資源部對該制度進行解釋和說明。

　　第12條　本制度自公司總經理審批通過後執行。

編制日期		審核日期		批准日期	
修改標記		修改處數		修改日期	

9.4.4 員工職位輪換管理制度

員工職位輪換管理制度如表 9-6 所示：

表 9-6 員工職位輪換管理制度

制度名稱	員工崗位輪換管理制度		編　號	
執行部門		監督部門	編修部門	
第1條　目的。 為進一步完善公司內部勞動力管理制度，使員工的能力得到更好的發					

表9-6(續)

揮，培養合格的各類專業及技術人才，特制定本制度。

　　第2條　適用範圍。

　　本制度所指崗位輪換為同級別崗位的輪換，適用於需要進行崗位輪換的基層工作人員，包括試用期員工。

　　第3條　管理職責。

　　1.人力資源部負責安排崗位輪換的具體事宜，包括確定崗位輪換的時間、崗位輪換的人數、崗位輪換的具體輪換條件等。

　　2.公司其他部門負責配合人力資源部做好崗位輪換的相關工作。

　　第4條　崗位輪換原則。

　　對公司員工進行崗位輪換管理時，人力資源部應堅持以下崗位輪換原則：

　　1.符合公司的發展策略和人力資源發展規劃。

　　2.因公司內部組織架構調整引起的人員調整。

　　3.員工因知識、經歷等不適合原崗位，公司對其進行工作調整。

　　4.符合調入崗位的用人標準。

　　5.不能對崗位輸出和輸入部門的工作產生較大影響。

　　6.有利於參與崗位輪換的人員提高自身綜合素質及工作績效。

　　第5條　崗位輪換具體條件。

　　人力資源部應保證參加崗位輪換的員工符合以下基本條件：

　　1.能夠勝任現任崗位的工作。

　　2.經公司考核適合新崗位要求。

　　3.經公司高層研究決定，需要進行崗位輪換。

　　4.由於組織結構調整或組織結構精簡，而進行的人員分流調崗。

　　第6條　崗位輪換類型。

　　崗位輪換的類型主要有三種，即跨部門崗位輪換、部門內部崗位輪換、分公司間崗位輪換。

　　第7條　崗位輪換管理程序。

　　1.人力資源部會同公司各部門以及各分公司負責人進行崗位輪換前的篩選準備工作，並確定需要進行輪換的崗位、人員、人數、工作要求、時限等。

表9-6(續)

　　2.各部門、各分公司根據崗位輪換的具體要求等確定本部門、本分公司需要進行崗位輪換的崗位、人員等。人力資源部同各部門、各分公司相關部門負責人對需要輪換崗位的員工進行培訓與考核。

　　3.人力資源部組織通過考核的輪崗人員填寫「員工崗位輪換表」，交由公司各相關部門、各分公司相關負責人簽名確認，報公司總經理審批。

　　4.輪崗人員名單確定後，人力資源部與需輪崗的員工進行談話，就相關事宜給予告知，並對其進行工作勉勵。

　　5.談話結束後，輪崗人員在＿天內與原部門做好工作交接工作，交接完畢後，由所在部門負責人簽名確認。

　　6.工作交接完畢後，輪崗人員持「員工崗位輪換表」到新部門或新崗位報到上班，新部門負責人對輪崗員工報到簽名確認後交人力資源部備案。

第8條　崗位輪換員工注意事項。

　　1.崗位輪換員工收到崗位輪換通知後，應於規定日期內辦理好原崗位的相關工作交接手續，不得以任何理由推諉或拒絕交接。

　　2.如果崗位輪換員工對輪換崗位不滿，可向人力資源部提出申請，申請未經核准前不得出現擅自離開新職或出現怠工現象。

　　3.人力資源部應與崗位輪換人員做好崗位輪換溝通工作，讓輪崗人員愉快地接受新的崗位安排，並盡快適應新崗位，以減少硬性安排帶來的崗位輪換阻力。

　　4.在進行輪崗工作交接前，交接人員應對目前進展中的各項工作的進度、目標結果以及相關資源等進行移交。

　　5.人力資源部應對輪崗人員進行輪崗培訓，以便輪崗人員可以對新的工作環境和工作業務有所了解。

第9條　本制度由人力資源部負責制定和修改，並由人力資源部對該制度進行解釋和說明。

第10條　本制度自公司總經理審批通過後執行。

編制日期		審核日期		批准日期	
修改標記		修改處數		修改日期	

第 10 章 離職管理業務·流程·標準·制度

10.1 離職管理業務模型

10.1.1 離職管理業務工作心智圖

離職管理是對員工離開企業的行為的管理。離職管理是企業對人才「選用育留」的最後一環,也是最重要的一環,留人的成功與否直接決定著前三個環節是否有效。離職管理業務心智圖如圖 10-1 所示:

工作內容	內容說明	相關審核人員
離職分析	• 根據企業離職數據,對離職原因、離職時間、離職崗位、離職人員等進行分析	★人事主管進行審核 ★人力資源部經理進行審批
離職面談	• 與員工進行面對面談話,聽取員工對企業各方面的意見及建議,確定離職主要原因	★人事主管進行審核 ★人力資源部經理進行全面監督
離職挽留	• 根據離職員工崗位類別及其對企業的重要程度等,採用加薪、晉升等方式對員工進行挽留	★人事資源部經理進行挽留 ★總經理進行審批
離職手續辦理	• 對員工的借款、報帳資料進行核查與確認 • 對工作、物品、文件等進行交接 • 對考勤與工資訊息、保險停繳訊息等進行確認	★財務部經理、人力資源部經理進行審核 ★總經理進行審批
離職風險控制	• 根據離職員工的類別及層級分析其離職可能帶來的分險,並對風險進行控制和應對	★人事資源部經理進行審核 ★總經理進行審批
離職成本管理	• 通過計算、核算員工離職成本,制訂並實施員工離職成本控制方案	★人事資源部經理進行審核 ★總經理進行審批

圖 10-1 離職管理業務工作心智圖

10.1.2 離職管理主要工作職責

企業離職管理工作的職責部門為人力資源部。加強離職管理的職責分工，主要目的在於確保能夠有效挽留員工，及時進行離職審計，按時辦理離職手續，降低離職風險。

在員工離職管理的過程中，企業財務部、行政部、離職員工所在部門、離職員工等應配合人力資源部完成離職審計、離職手續辦理等工作。人力資源部及其他相關責任部門在員工離職管理方面的主要職責如表 10-1 所示：

表 10-1 離職管理工作職責說明表

工作職責	職責具體說明
離職分析管理	1.廣泛開展離職調查，了解企業所在地在同行業、同崗位的離職原因，分析本企業文化與企業管理機制等，爲企業加強離職管理提供重要依據 2.對企業員工離職類別進行統計，分析員工離職的可能原因，爲員工離職面談做好準備工作
離職面談與挽留	1.與員工進行離職面談，了解員工對企業各種內部狀況的最終意見和看法等，從中發現與企業工作相關的資訊和事情，以便對工作環境、企業文化、流程和系統、管理方式和發展模式等各個方面進行評估和改進 2.在面談過程中記錄面談內容，對面談紀錄及面談過程進行整理分析，從中了解離職的眞正原因，以便做好離職挽留工作 3.根據員工離職原因及相關資料制定員工離職挽留方案，幫助員工認識自己、認識企業，解除員工離職的障礙，使員工繼續爲企業做貢獻
離職審計	1.根據離職員工的職務類別，與財務部共同組建離職審計小組，對離職員工任職期間的財務責任、管理責任、法紀責任等進行審查、評價 2.根據審查、評價結果等出具離職審計報告，並根據審計報告確定是否追究離職員工責任
離職手續辦理	1.財務部對申請離職員工在職期間的借款及報帳資料、憑證等進行審核和確認 2.行政部收回離職員工的辦公設備、辦公用品及辦公文件等 3.員工所在部門與離職員工進行工作交接 4.人力資源部對離職員工的考勤訊息、保險停繳日期、公積金停繳日期、工資結算日期、檔案存檔費停繳日期等人事資訊進行確認，並爲員工開具離職證明

表10-1(續)

離職風險管理	1.根據離職員工所在層級及類別等分析其可能給公司帶來的離職風險，並建立離職風險預警機制，以便企業可以及時控制離職風險 2.根據離職風險的影響程度對離職風險進行評估，根據評估等級等制定離職風險對措施，以最大程度地避免對企業的損害
離職成本管理	1.定期對離職成本進行測算、核算，以確定離職成本的控制目標及方法 2.制訂離職成本控制方案，並對方案進行執行、改進，以控制離職成本
離職檔案管理	1.建立離職員工檔案，對員工在職期間表現、業績等方面的工作資訊文件進行收集 2.定期對離職檔案進行更新與維護，以便對離職數據庫進行良好維護

10.2 離職管理流程

10.2.1 主要流程設計心智圖

在進行離職管理流程設計時,企業可根據離職管理工作職責,從離職分析、離職面談與挽留、離職審計、離職手續辦理、離職風險管理五個方面設計各項流程。離職管理具體可設計如下流程,具體如圖 10-2 所示:

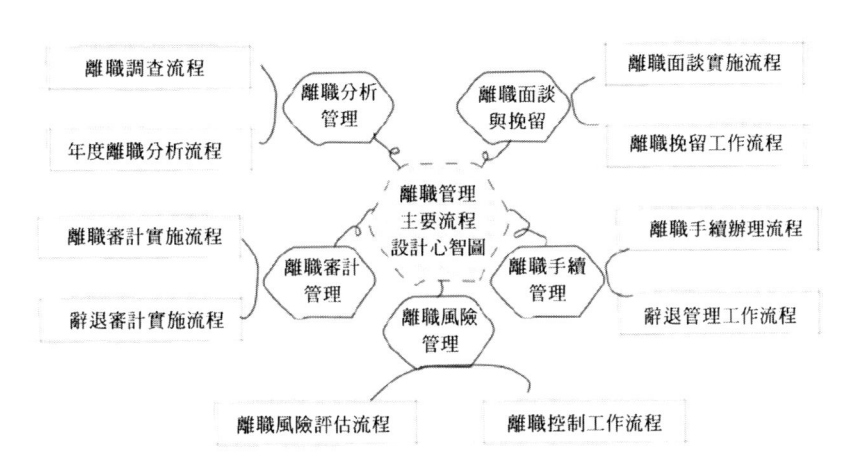

圖 10-2 離職管理主要流程設計心智圖

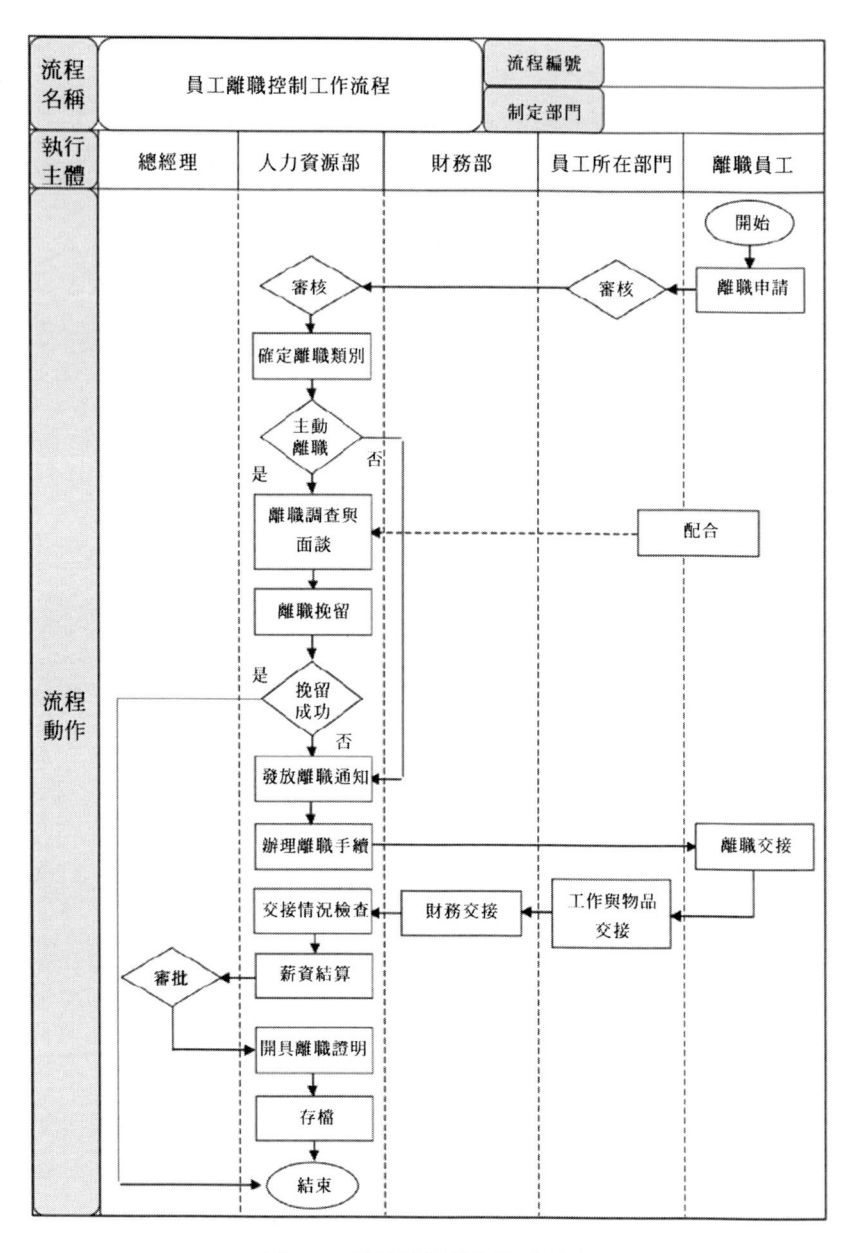

10.2.2 員工離職控制工作流程

員工離職控制工作流程如圖 10-3 所示：

流程名稱	員工離職控制工作流程		流程編號	
			制定部門	
執行主體	總經理	人力資源部	財務部	員工所在部門	離職員工
流程動作		(流程圖)			

主要流程步驟包括：離職申請 → 審核 → 確定離職類別 → 主動離職（是/否）→ 離職調查與面談 → 離職挽留 → 挽留成功（是/否）→ 發放離職通知 → 辦理離職手續 → 交接情況檢查（離職交接、財務交接、工作與物品交接、配合）→ 審批 → 薪資結算 → 開具離職證明 → 存檔 → 結束

圖 10-3 員工離職控制工作流程

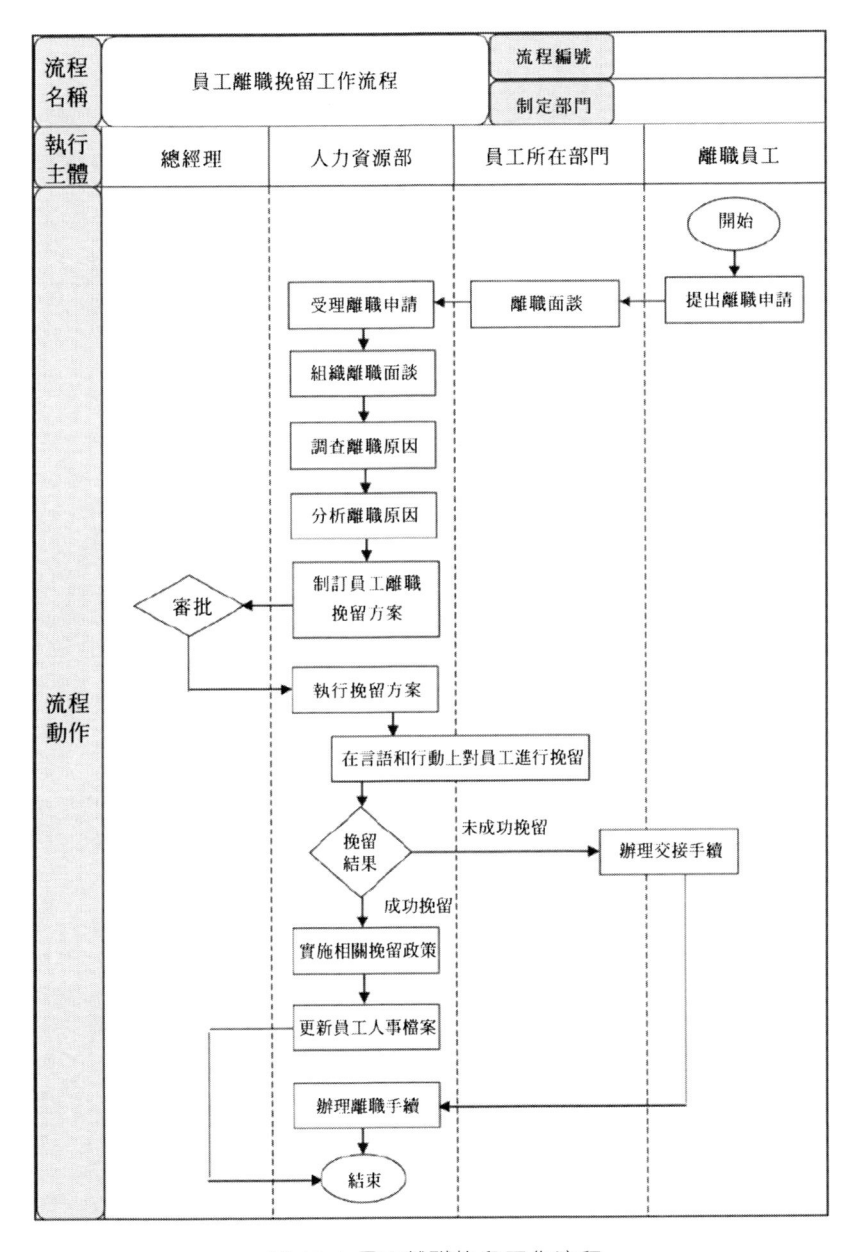

10.2.3 員工離職挽留工作流程

員工離職挽留工作流程如圖 10-4 所示：

流程名稱	員工離職挽留工作流程		流程編號	
			制定部門	
執行主體	總經理	人力資源部	員工所在部門	離職員工
流程動作	審批	受理離職申請→組織離職面談→調查離職原因→分析離職原因→制訂員工離職挽留方案→執行挽留方案→在言語和行動上對員工進行挽留→挽留結果（成功挽留→實施相關挽留政策→更新員工人事檔案→辦理離職手續→結束）	離職面談；未成功挽留→辦理交接手續	開始→提出離職申請

圖 10-4 員工離職挽留工作流程

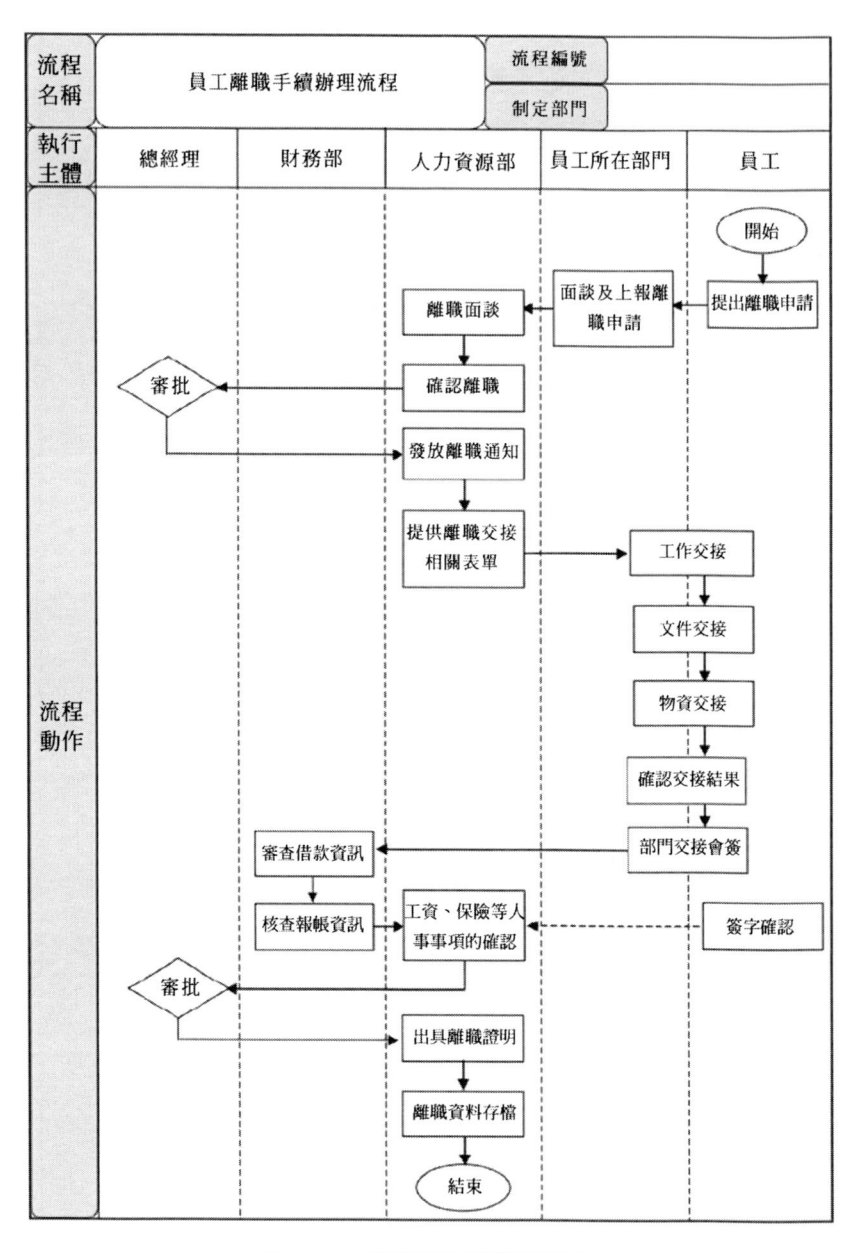

10.2.4 員工離職手續辦理流程

員工離職手續辦理流程如圖 10-5 所示：

圖 10-5 員工離職手續辦理流程

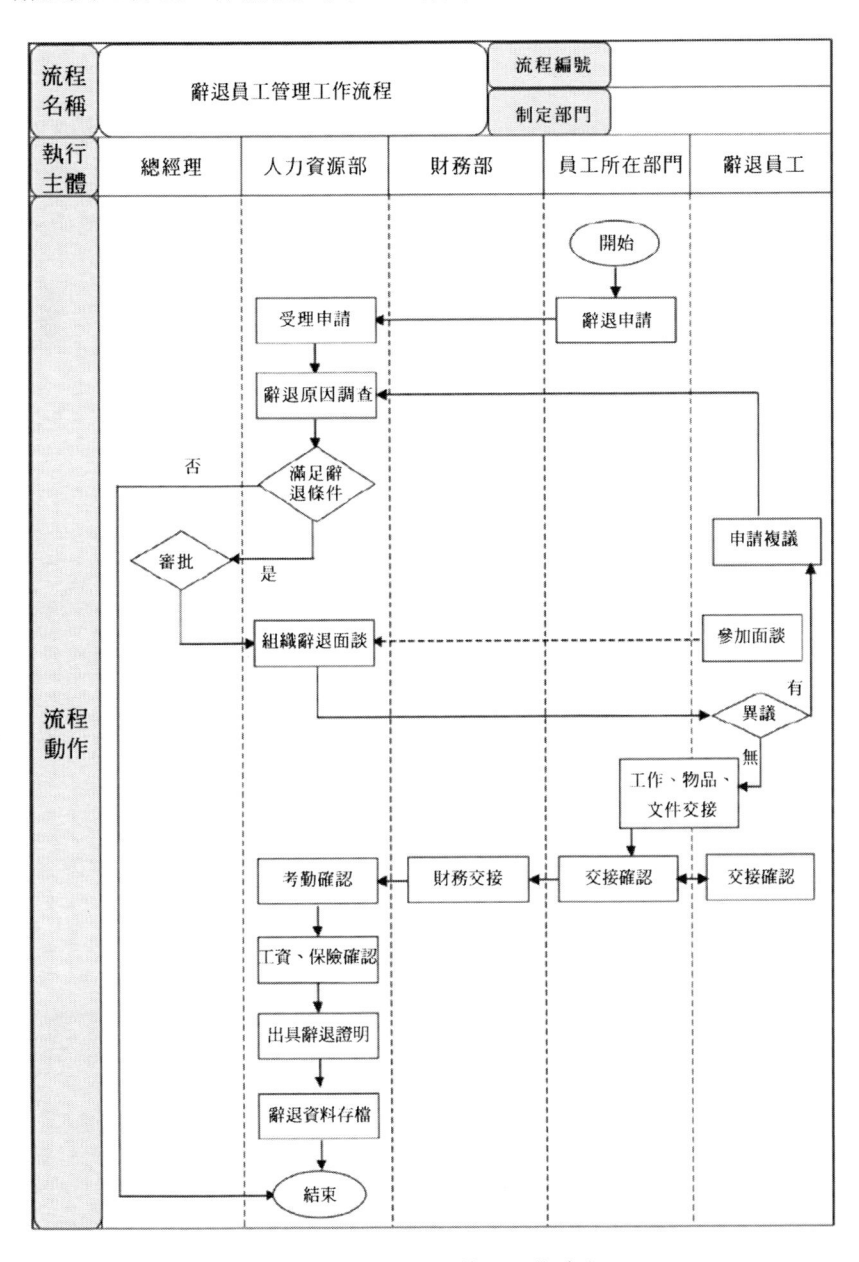

10.2.5 辭退員工管理工作流程

辭退員工管理工作流程如圖 10-6 所示：

圖 10-6 辭退員工管理工作流程

10.3 離職管理標準

10.3.1 員工離職管理業務工作標準

員工離職管理業務工作標準可依照表 10-2 所示內容執行。

表 10-2 員工離職管理業務工作標準

工作事項	工作依據與規範	工作成果或目標
離職分析	● 員工離職調查報告、員工離職原因初步分析結果、員工工作環境滿意度調查報告、員工崗位晉升規劃滿意度調查結果等	(1)調查報告提交及時率達100% (2)離職分析準確率達100%
離職面談與挽留	● 離職面談制度、離職面談流程、離職面談技巧說明書、離職面談方案、離職挽留制度、離職挽留流程、離職挽留方式等	(1)離職面談率達100% (2)離職挽留成功率達100%
離職審計	● 離職審計管理制度、離職審計實施流程、員工工作崗位、離職員工在職期間的工作表現及工作業績資料等	(1)離職審計報告及時提交率達100% (2)離職審計結果準確率達100%
離職手續辦理	● 員工離職管理制度、離職交接管理制度、離職交接流程、員工所在部門與崗位、員工借款報帳情況、員工考勤訊息等	(1)工作交接準確率達100% (2)離職手續及時辦理率100%
辭退管理	● 員工辭退管理制度、員工辭退管理工作流程、辭退說明書、員工辭退通知	(1)辭退通知及時下發率達100% (2)辭退流程辦理及時率達__%
離職檔案管理	● 離職交接表單、離職證明文件、離職申請表單、離職檔案管理制度等	(1)離職資料歸檔率達100% (2)離職檔案更新及時率達100%

10.3.2 員工離職管理業務績效標準

在開展離職管理工作時，人力資源部可參照表 10-3 所示的離職管理業務績效標準對離職管理業務進行考核。

表 10-3 員工離職管理業務績效標準

工作事項	評估指標	評估標準
離職調查管理	離職調查率	1. 離職調查率 = $\dfrac{進行離職調查的離職員工數}{離職員工總數} \times 100\%$ 2. 離職調查率應達到 __%，每降低 __ 個百分點，扣 __ 分；低於 __%，本項不得分
	離職調查報告提交及時率	1. 離職調查報告提交及時率 = $\dfrac{及時提交離職調查報告次數}{應提交離職調查報告次數}$ 2. 離職調查報告提交及時率應達到 __%，每降低 __ 個百分點，扣 __ 分；低於 __%，本項不得分
離職面談管理	離職面談率	1. 離職面談率 = $\dfrac{進行離職面談的員工人數}{員工離職數} \times 100\%$ 2. 離職面談率應達到 __%，每降低 __ 個百分點，扣 __ 分；低於 __%，本項不得分
	離職挽留成功率	1. 離職挽留成功率 = $\dfrac{成功挽留的員工數量}{進行離職挽留的員工數量} \times 100\%$ 2. 離職挽留成功率應達到 __%，每降低 __%，扣 __ 分；低於 __%，本項不得分
離職交接管理	工作交接準確率	1. 工作交接準確率 = $\dfrac{工作交接準確的項目數}{工作交接的總項目數} \times 100\%$ 2. 工作交接準確率應達到 __%，每降低 __%，扣 __ 分；低於 __%，本項不得分
	離職手續及時辦理率	1. 離職手續及時辦理率 = $\dfrac{離職手續及時辦理的次數}{離職手續辦理的總次數} \times 100\%$ 2. 離職手續及時辦理率應達到 __%，每降低 __%，扣 __ 分；低於 __%，本項不得分

10.4 離職管理制度

10.4.1 制度解決問題心智圖

離職管理制度主要解決的問題如圖 10-7 所示：

```
┌─────────────┐      ♣ 員工離職管理職責不清，相關人員對離職管理工作要項不
│ 員工離職管理問題 │----    明，離職管理流程混亂，致使離職工作效率低下等
└─────────────┘

┌─────────────┐      ♣ 缺乏辭退員工需滿足條件的明文規定，員工辭退提前期不
│ 辭退員工管理問題 │----    明，辭退流程不規範，辭退手續辦理事項不明等
└─────────────┘
```

圖 10-7 離職管理制度解決問題心智圖

10.4.2 員工離職管理制度

員工離職管理制度如表 10-4 所示：

表 10-4 員工離職管理制度

制度名稱	員工離職管理制度	編　　號	
執行部門		監督部門		編修部門	

<table>
<tr><td colspan="2">第一章　總則

第1條　目的。

為規範公司員工離職管理工作，避免因員工離職給企業造成不必要的損失，確保日常工作和生產任務的連續性，特制定本管理制度。

第2條　適用範圍。

本制度適用於公司所有員工，即不論員工因何種原因離職，均依本制度辦理，若有特例，須由總經理簽字認可。

第3條　管理職責。

1.公司總經理負責對員工離職做最後審批及決策。</td></tr>
</table>

表10-4(續)

　　2.人力資源部負責員工的具體離職管理工作,包括離職面談、離職分析等。

　　3.離職員工及其所在部門協助人力資源部完成各項工作及事務的交接,並辦理相關交接手續。

　　4.財務部負責離職員工款項的核算與支付。

　　5.行政部負責與離職員工進行辦公用品、用具交接,並按辦公設備及辦公用品的具體管理規定,要求離職員工對損壞物品予以賠償。

第二章　離職類別界定

第4條　合同離職。

合同離職,是指員工終止履行受聘合同或協議而離職。

第5條　員工離職。

員工離職,是指員工因個人原因申請辭去工作,主要包括如下兩種情形:

1.公司同意,請視為辭職員工違約。

2.公司同意,但視為員工為部分履行合同(是實際情況由雙方商定)。

第6條　自動離職。

自動離職,是指員工因個人原因離開公司。具體包括如下兩種情形:

1.不辭而別。

2.申請辭去工作,但未經公司同意就離職。

第7條　辭退、解聘。

公司辭退、解聘員工的情形包括但不限於以下三種情況:

1.員工因各種原因不能勝任其工作崗位者,公司予以辭退。

2.因不可抗力等原因,公司可與員工解除勞動關係。

3.違反國家、公司相關法規、制度,情節較輕者,予以解聘。

第8條　開除。

當員工行為違反國家、公司相關法規、制度且情節嚴重,公司應對該員工予以開除。

表10-4(續)

第三章 離職辦理流程

第9條 離職申請。

1.員工不論是以何種方式離職,都應填寫「員工離職申報表」,報送本部門直接上級領導。

2.普通員工離職的書面申報,應提前__日報送,管理員、技術人員應提前__日報送,中高級崗位人員應提前__日報送。

3.本部門領導向申請離職員工了解離職原因,確認其決定離職後,對「員工離職申報表」進行審核確認,交由人力資源部進行審核。

第10條 離職面談。

1.人力資源部首先應對離職類別與性質進行判定。

2.如員工為自動辭職和合同離職,人力資源部根據「員工離職申請表」的離職說明,與申請離職員工進行離職面談,了解其對企業工作環境、薪酬激勵模式、績效獎金模式以及公司其他各類政策及措施的意見及看法等,分析申請離職員工離職的真正原因。

3.如員工為辭退,則人力資源部應與其說明辭退原因及賠償事項,獲得員工的理解和支持。

第11條 離職挽留。

如員工為自動辭退或合同離職,人力資源部可按照如下要求對員工進行挽留:

1.根據對申請離職員工離職原因的分析及企業離職挽留方式,制訂離職挽留方案,對其實施挽留,以留住企業各類人才。

2.對於挽留成功的員工,人力資源部應根據其對工作環境及工作崗位的具體要求等,對其進行具體安排。

3.對於未成功挽留的離職員工,人力資源部應與其做好離職交接工作。

第12條 離職交接。

離職交接主要包括工作交接、物品交接,具體說明如下:

1.工作移交,指離職員工將本人經辦的各項工作、保管的各類工作資料等移交至指定的交接人員,並要求接交人在「離職移交清單」上簽字確認。具體內容如下表所示。

10.4 離職管理制度

表10-4(續)

離職移交清單	
各相關部門： 　　　請按以下順序依次爲＿＿＿＿部門＿＿＿＿員工辦理離職交接，並在相應的位置簽名確認交接完成。 　　　　　　　　　　　　　　　　人力資源部： 　　　　　　　　　　　　　　　　日　期：＿年＿月＿日	
離職原因	□ 合約到期　　□ 辭退　　□ 辭退、解聘　　□ 開除
填寫以下工作移交手續	
所在部門工作移交	現指定＿＿＿＿接交＿＿＿＿的工作，請立即進行交接。 所屬部門：　　　　　　　　　　交接日期：＿年＿月＿日 □ 企業的各項內部文件 □ 經管工作詳細說明 □「客戶訊息表」、「供銷關係訊息表」等 □ 培訓資料原件 □ 企業的技術資料(包括書面文檔、電子文檔兩類) □ 項目工作情況說明(包括項目計劃書、項目實施進度說明、項目相關技術資料、其他項目相關情況的詳細說明) □ 附交接清單＿頁　　　　　　□ 不附交接清單
	移交人　　　　　接交人　　　　　監交人 日　期　　　　　日　期　　　　　日　期
填寫以下事務移交手續	
人力資源部	□ 解除勞動關係　□ 保險手續　□ 員工手冊　□ 檔案調出 經理：　　　　　　　　　　　　日期：＿年＿月＿日
本部門	□ 借用圖書　　□ 文件資料　　□ 辦公室鑰匙　　□ 辦公用品 部門負責人：　　交接人：　　　日期：＿年＿月＿日
行政部	□ 胸卡　□ 工作服　□ 勞保用品　□ 通訊設備　□ 宿舍退房及用品驗收 經理：　　　　　　　　　　　　日期：＿年＿月＿日
財務部	□ 欠款清理　　□ 財務清算　　□ 工資發放 經理：　　　　　　　　　　　　日期：＿年＿月＿日
離職員工	我確認上述手續已全部完成，從此解除我與xx公司的勞動服務關係 簽名：　　　　　　　　　　　　日期：＿年＿月＿日
注：本單一式兩份，離職員工與人力資源部各執一份。	

表10-4(續)

  2.物品移交，指員工就職期間所有領用物品的移交，並應由交接雙方簽字確認，如上表所示。

  3.以上各項交接均應由移交人、接交人、監交人簽字確認，並經辦公室審核、備案後方可認為交接完成。

  第13條 離職結算。

  1.結算條件，當交接事項全部完成，並經直接上級、人力資源部、**總經理**三級簽字認可後，方可對離職員工進行相關結算。

  2.結算部門，離職員工的工資、違約金等款項的結算由財務、人力資源部共同進行。

  3.結算項目包括如下幾方面：

  (1)違約金，包括培訓違約金、「保密、競業協議」違約金等。

  (2)賠償金，包括物品損失賠償金、辭退賠償金等。

  (3)工資。

  第14條 關係轉移。

  1.轉移內容。轉移內容依般包括檔案關係轉移和社保關係轉移兩部分。

  2.轉移條件。當以下兩項條件同時具備時，人力資源部應為離職員工辦理關係轉移事宜：

  (1)交接工作全部完成(以簽字為準)。

  (2)違約金、賠償金等結算完成。

第四章 附則

第15條 本制度由人力資源部負責制定和解釋，並報總經理審核批准。

第16條 本制度自總經理審批通過後開始實施。

編制日期		審核日期		批准日期	
修改標記		修改處數		修改日期	

10.4.3 員工辭退管理制度

員工辭退管理制度如表 10-5 所示：

表 10-5 員工辭退管理制度

制度名稱	員工辭退管理制度	編　　號	
執行部門		監督部門		編修部門	

第1條　目的。

為規範員工辭退工作，完善公司人事管理制度，促進員工合理流動，增強企業活力，特制定本制度。

第2條　適用範圍。

本制度適用於公司主動辭退員工的情形。

第3條　管理職責。

1.公司總經理負責對辭退管理進行最終決策，並監督決策的執行。

2.人力資源部負責對員工辭退事宜進行調查，進行辭退面談，為辭退員工辦理相關離職手續等。

3.被辭退員工所在部門負責向人力資源部提出員工辭退申請，並與辭退員工進行辭退交接。

第4條　術語解釋。

辭退，是指公司根據相關的規章、管理規定或聘用協議，事先不必徵得員工同意而單方面決定終止與員工的聘用關係的行為。辭退包括結束試用、除名或開除、解除勞動合同情況。

第5條　辭退條件。

公司因業務緊縮須減少一部分員工，或對有下列行為之一者，給予辭退：

1.一年內記過三次者

2.連續曠工三日或全年累計超過六日者。

3.營私舞弊、挪用公款、收受賄賂者。

4.工作疏忽，貽誤要務、辦事不力、疏忽職守，擅自離職為其他單位工作且事實情節重大，致使企業蒙受重大損失者。

5.不服從公司領導工作安排或擅離職守，情節重大者。

表10-5(續)

6.聚眾罷工、怠工、造謠生事，破壞正常的工作與生產秩序者。

7.仿效領導簽字、盜用印信或塗改公司文件者。

8.因破壞、竊取、毀棄、隱匿公司設施、資材製品及文書等行為，私自將公司合同、文案、技術文檔、核心技術資料、業務機密等出售或洩露給任何第三方個人或公司致使公司遭受損失者。

9.品行不端、行為不檢，屢勸不改者。

10.違背國家法令或公司規章情節嚴重者。

11.為個人利益偽造證件，冒領各項費用者。

12.工作期間因受刑事處分而經法院判刑者。

第6條 辭退申請。

1.公司各部門如需要辭退部門的不合格、違法違紀員工，應向公司人力資源報送「員工辭退申請表」，說明辭退員工的主要事由、辭退時間等。

2.普通員工辭退的書面申請應提前__日報送，管理人員、技術人員的辭退的書面申請提前__日報送，中高級崗位人員辭退的書面申請應提前__日報送。

第7條 辭退調查。

人力資源部接收「員工辭退申請表」後，應根據辭退人員的類別組建「員工辭退調查小組」，在收到辭退申請__日內對員工辭退事由的真假進行核實，並評估員工的日常工作表現。

第8條 辭退審批。

當人力資源部確認員工辭退事由屬實時，應對「員工辭退申請表」進行審核確認，並交由公司總經理進行審批。

第9條 辭退面談。

員工辭退申請經審批通過後，人力資源部應在__個工作日內與辭退員工面談，說明辭退原因、辭退補償辦法等事宜。

第10條 辭退通知。

辭退面談後，人力資源部應將員工辭退通知下發至辭退員工所在部門。

1.符合第5條被辭退條件的，公司一般應提前__日通知當事人，並由其直屬主管向員工出具「員工辭退通知書」。

表10-5(續)

　　2.本企業因員工入值的時限不同，辭退通知的時限也不同。具體說明如下：

　　　(1)連續工作三個月以上，未滿一年者，提前＿天告之。
　　　(2)連續工作一年以上，未滿三年者，提前＿天告之。
　　　(3)連續工作三年以上者，提前＿天告之。

　　3.辭退員工時，被辭退員工的直屬主管應向人力資源部索要「員工辭退證明書」，並按規定填妥後，將證明書交回人力資源部。

　　第11條　辭退手續辦理。

　　1.辭退交接。員工接收辭退通知後，應配合所在部門做好辭退交接工作，包括歸還辦公用品及辦公用具，說明目前工作項目及進度，本崗位下階段工作任務等，並在書面交接表單上簽字確認。

　　2.財務結算。

　　　(1)財務部在辭退員工進行財務核算時，應首先對辭退員工在職期間的借款、報銷事宜等進行審核和確認，以減少公司不必要的經濟損失。
　　　(2)被辭退員工應憑「離職審批交接單」到出納處結清備用金、未報銷事項，到固定資產管理員處辦理資產移交工作，經財務部經理審批後須在「離職審批交接單」上簽字確認。
　　　(3)在所有辭退交接手續辦妥後，被辭退員工需到人力資源部確認考勤訊息、保險停繳訊息等，領取「工資結算單」，然後再到財務部領取工資。

　　第12條　辭退申訴。

　　1.被辭退的員工對辭退處理不服的，可以在收到「員工辭退證明書」之日起的＿日之內，向人力資源部提出申訴。

　　2.如被辭退員工因被辭退無理取鬧、糾纏領導，影響本公司正常運營的，本公司將提請公安部門按照《治安管理處罰條例》的有關規定處理被辭退員工。

　　第13條　不良辭退行為管理。

　　1.如果管理者未按公司規定而隨意辭退員工，人力資源部經查證後，提出對管理者的懲罰意見。

　　2.符合公司規定的辭退條件，而部門主管不及時提出辭退建議，致使

表10-5(續)

造成不良後果或不良影響的，相關人員要承擔相應責任。					
第14條 辭退員工檔案管理。 人力資源部在辭退員工後，應及時對員工的人事檔案進行更新、整理，並將辭退資料存檔。 第15條 本制度由人力資源部負責和解釋，並報總經理審核批准。 第16條 本制度自公司總經理審批通過後開始實施。					
編制日期		審核日期		批准日期	
修改標記		修改處數		修改日期	

第 11 章 員工關係管理業務·流程·標準·制度

11.1 員工關係業務模型

11.1.1 員工關係業務工作心智圖

員工關係管理是指企業各級管理人員及人力資源管理人員，透過擬定和實施各項人力資源政策，調節企業和員工、員工與員工之間的關係的過程。員工關係業務工作心智圖如圖 11-1 所示：

工作內容	內容說明	相關審核人員
勞動管系管理	・編制並與員工簽訂勞動合同 ・辦理員工入職、離職、晉升、調職等手續 ・採用合適方法對勞動爭議、糾紛、意外事故進行處理	★人力資源部經理進行審核 ★公司總經理進行審批
紀律管理	・引導與監督員工按規章制度、勞動標準等開展工作，以保證員工人身安全，保證企業各項工作規範進行	★人力資源部經理進行審核 ★公司總經理進行審批
人際關係管理	・通過組織活動、培訓、解決衝突等方式引導員工建立良好的人際關係，以提高團隊的協作性	★人力資源部經理進行審核 ★公司總經理進行審批
溝通管理	・建立完善的溝通體系，實現企業與員工的有效溝通，以便及時解決員工衝突、抱怨，提高員工對企業的滿意度	★人力資源部經理進行審核 ★公司總經理進行審批
企業文化管理	・根據企業經營需要，從物質、精神、制度、行為四個層次建立企業文化，並通過各種企業文化活動宣傳企業文化，提高員工認同感	★人力資源部經理進行審核 ★公司總經理進行審批
檔案管理	・對員工訊息資料進行記錄、收集、整理並登記成冊，為員工崗位調整等提供依據	★人力資源部經理進行審核 ★公司總經理進行審批
心理諮詢管理	・通過講座、測評、一對一諮詢等方式幫助員工解決心理困擾的過程，幫助員工降低心理壓力，維持較好的工作狀態	★人力資源部經理進行審核 ★公司總經理進行審批

圖 11-1 員工關係業務工作心智圖

11.1.2 員工關係主要工作職責

一般來說，企業員工關係管理工作主要由人力資源部組織開展，而各部門的職責在於協助人力資源部完成員工滿意度調查、員工活動組織、糾紛處理等工作。其中，人力資源部在員工關係管理方面的主要職責如表 11-1 所示：

表 11-1 員工關係管理工作職責說明表

工作職責	職責具體說明
勞動關係管理	1.根據《中華人民共和國勞動法》的相關規定，編制勞動合同管理制度，擬訂企業勞動合同，並建立勞動合同管理台帳 2.負責與企業員工簽訂勞動合同，並加強勞動關係的管理 3.辦理員工入職、離職、晉升、調職等手續，並對相關資料進行保存 4.處理員工與員工、或者員工與企業之間的勞動爭議，解決人事糾紛和意外事件等，維護企業及員工的合法權益
員工紀律管理	引導員工遵守企業的各項規章制度、勞動紀律，提高員工的組織紀律性，規範並約束員工不良行為
員工人際關係管理	1.引導員工建立良好的工作關係，增強員工團結協作的能力 2.定期舉辦各類員工活動，創建有利於員工建立正式人際關係的環境
員工溝通管理	1.創建企業與員工之間的溝通體系，協助各部門對員工關係進行管理 2.利用有效的溝通方法與員工進行溝通，及時解決企業與員工之間溝通不暢的問題 3.定期以「座談會」的形式聽取員工對企業的意見或建議等，增強員工的「主人翁」意識
企業文化管理	1.全面推進企業文化系統的建設工作，建立有特色的企業文化，用企業文化引導、協調、管理員工 2.定期開展企業文化宣傳活動，讓員工更加深刻地理解企業文化內涵，認同企業

表11-1(續)

訊息檔案管理	1.組織員工滿意度調查，深入了解員工個人意見，及時處理潛在的問題 2.對員工勞動合同、檔案及相關資料進行和收集、整理和保管 3.定期對員工檔案進行更新和維護，以保證員工檔案的完整性
心理諮詢管理	1.為員工提供身心健康等方面的心理諮詢服務，為員工及時做好心理輔導，使員工以良好的工作狀態開展各項工作 2.定期對員工心理狀態進行調查和評估，以及時發現員工潛在的心理問題

11.2 員工關係管理流程

11.2.1 主要流程設計心智圖

　　人力資源部可根據員工關係管理的主要職責，在勞動契約、勞動紀律、勞動糾紛處理、滿意度管理、人事檔案管理五個方面設計員工關係管理的主要流程，具體如圖 11-2 所示：

- 勞動合同 — ■ 勞動合同簽訂流程、保密協議簽訂流程
- 勞動紀律 — ■ 工作紀律檢查流程、員工獎懲實施流程
- 勞動糾紛處理 — ■ 工傷事故處理流程、員工抱怨處理流程、員工衝突處理流程
- 滿意度管理 — ■ 員工滿意度調查流程
- 人事檔案管理 — ■ 人事檔案管理流程

圖 11-2 員工關係管理主要流程設計心智圖

11.2.2 勞動契約簽訂流程

勞動契約簽訂流程如圖 11-3 所示：

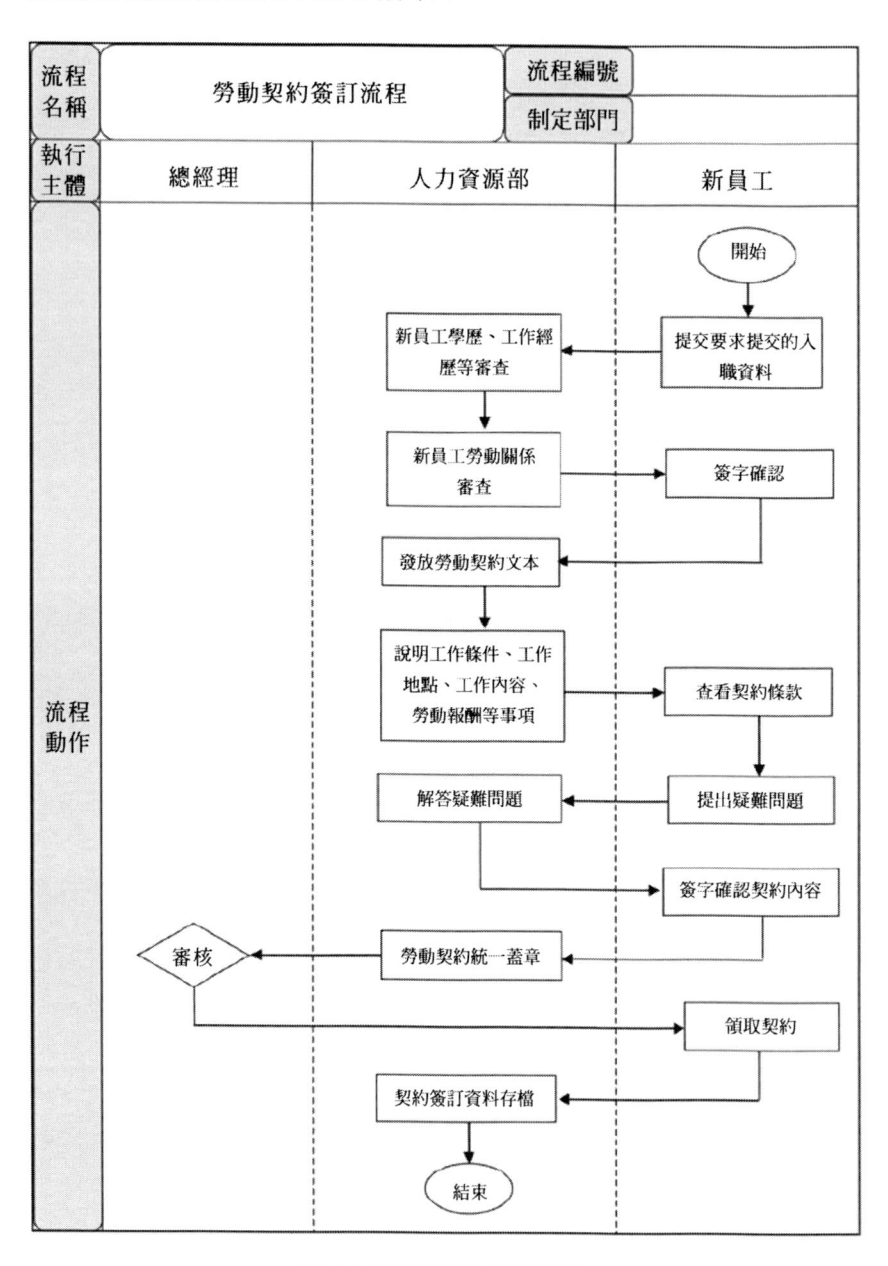

圖 11-3 勞動契約簽訂流程

11.2.3 保密協議簽訂流程

保密協議簽訂流程如圖 11-4 所示：

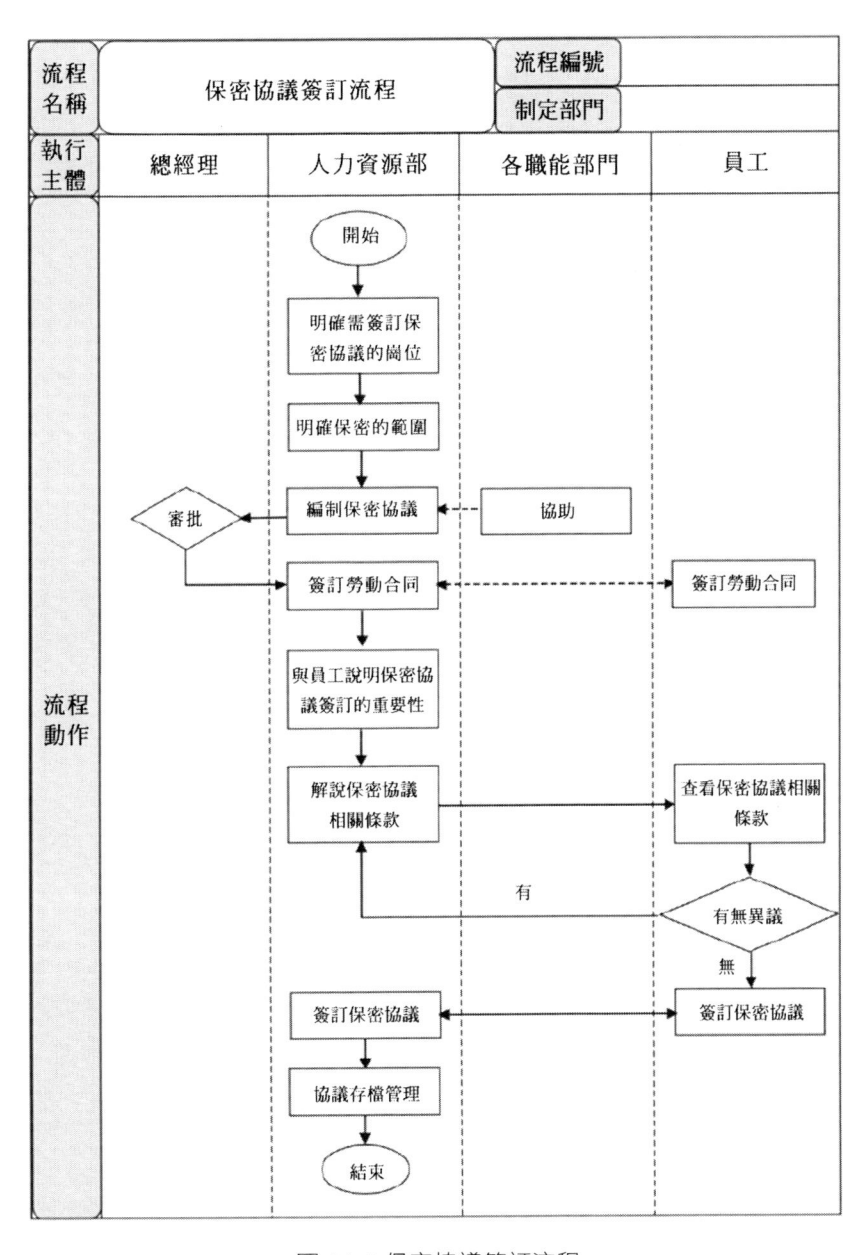

圖 11-4 保密協議簽訂流程

11.2.4 工傷事故處理流程

工傷事故處理流程如圖 11-5 所示:

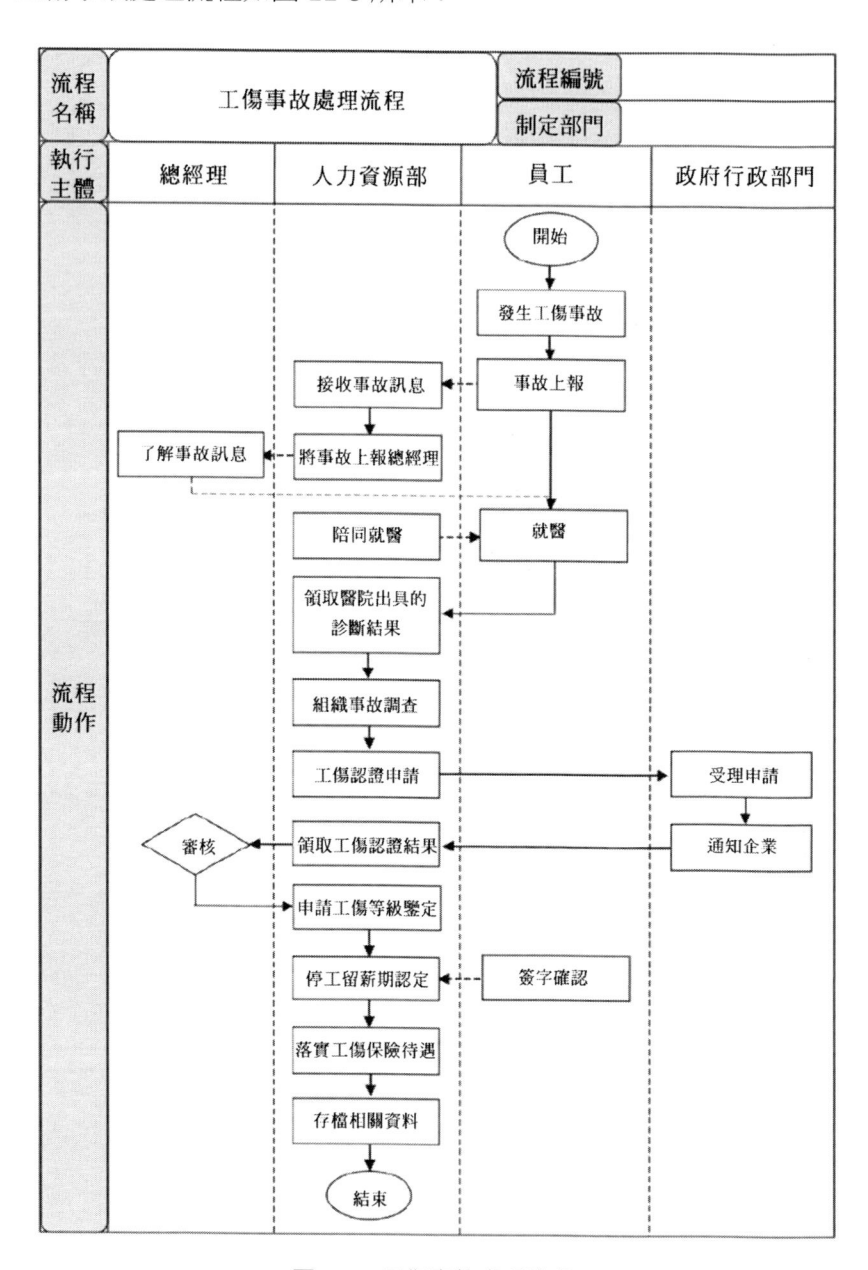

流程名稱	工傷事故處理流程		流程編號	
			制定部門	
執行主體	總經理	人力資源部	員工	政府行政部門
流程動作	了解事故訊息 ← 將事故上報總經理 ← 接收事故訊息 ← 事故上報 ← 發生工傷事故 ← 開始；陪同就醫 → 就醫；領取醫院出具的診斷結果；組織事故調查；工傷認證申請 → 受理申請 → 通知企業；審核 ← 領取工傷認證結果；申請工傷等級鑒定；停工留薪期認定 ← 簽字確認；落實工傷保險待遇；存檔相關資料；結束			

圖 11-5 工傷事故處理流程

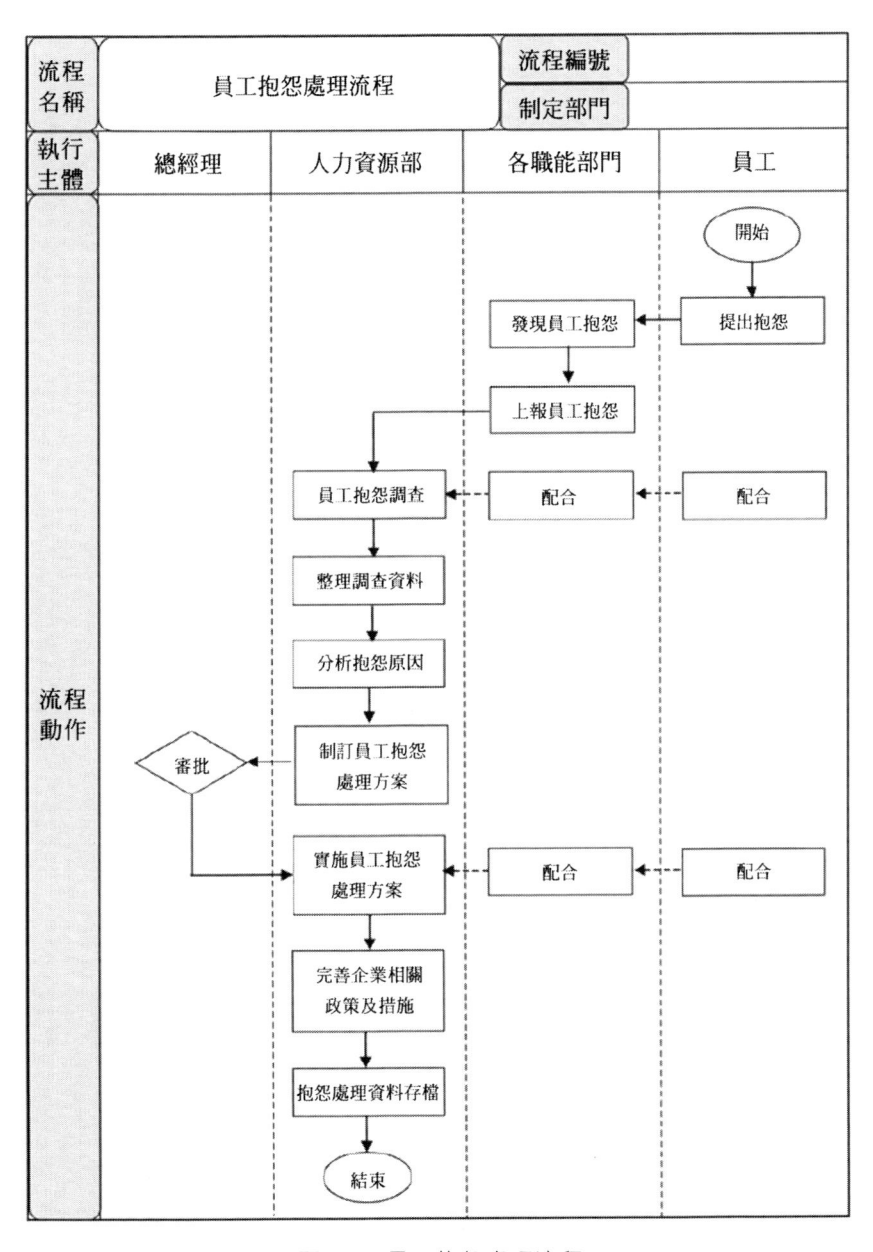

11.2.5 員工抱怨處理流程

員工抱怨處理流程如圖 11-6所示：

流程名稱	員工抱怨處理流程		流程編號	
			制定部門	
執行主體	總經理	人力資源部	各職能部門	員工
流程動作				開始 → 提出抱怨 → 發現員工抱怨 → 上報員工抱怨 → 員工抱怨調查 ← 配合 ← 配合 → 整理調查資料 → 分析抱怨原因 → 制訂員工抱怨處理方案 → 審批 → 實施員工抱怨處理方案 ← 配合 ← 配合 → 完善企業相關政策及措施 → 抱怨處理資料存檔 → 結束

圖 11-6 員工抱怨處理流程

11.2.6 員工衝突處理流程

員工衝突處理流程如圖 11-7 所示：

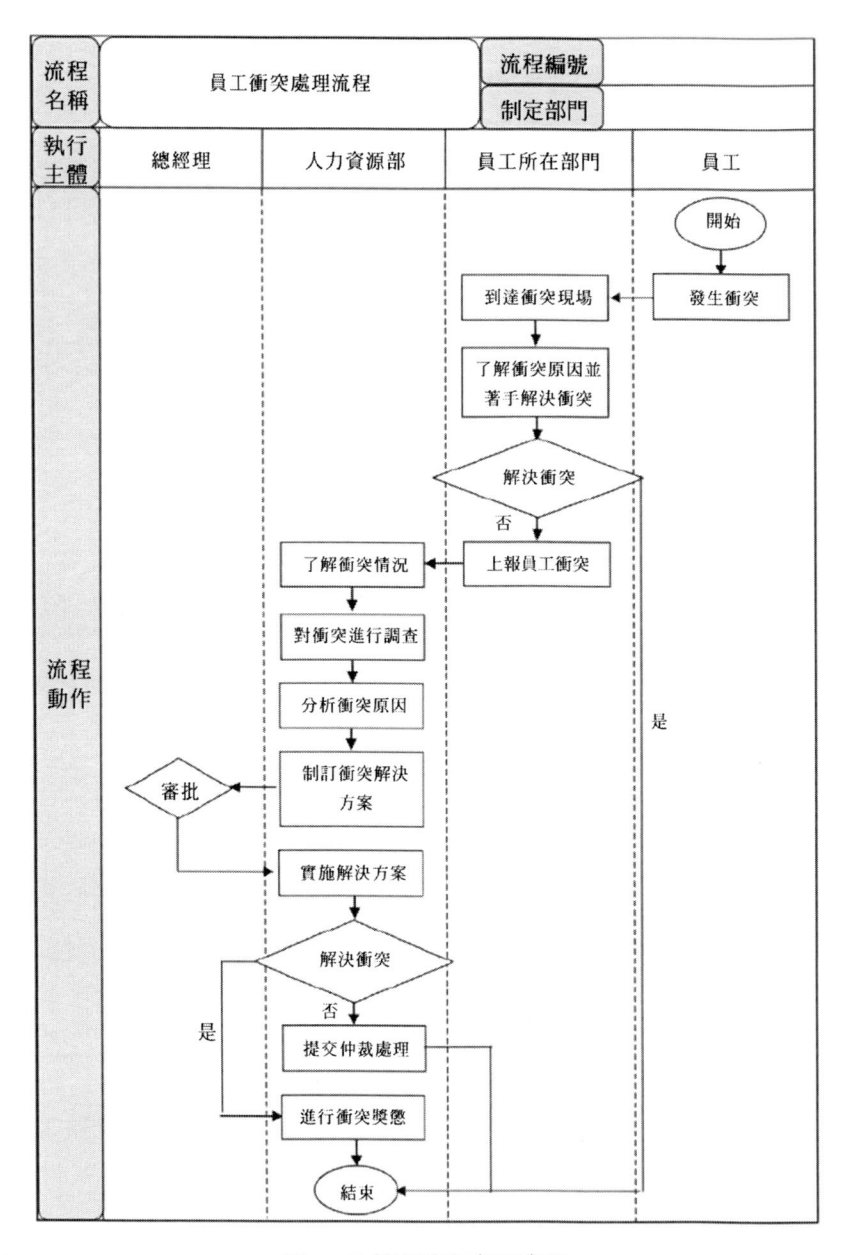

流程名稱	員工衝突處理流程		流程編號	
			制定部門	
執行主體	總經理	人力資源部	員工所在部門	員工
流程動作				

圖 11-7 員工衝突處理流程

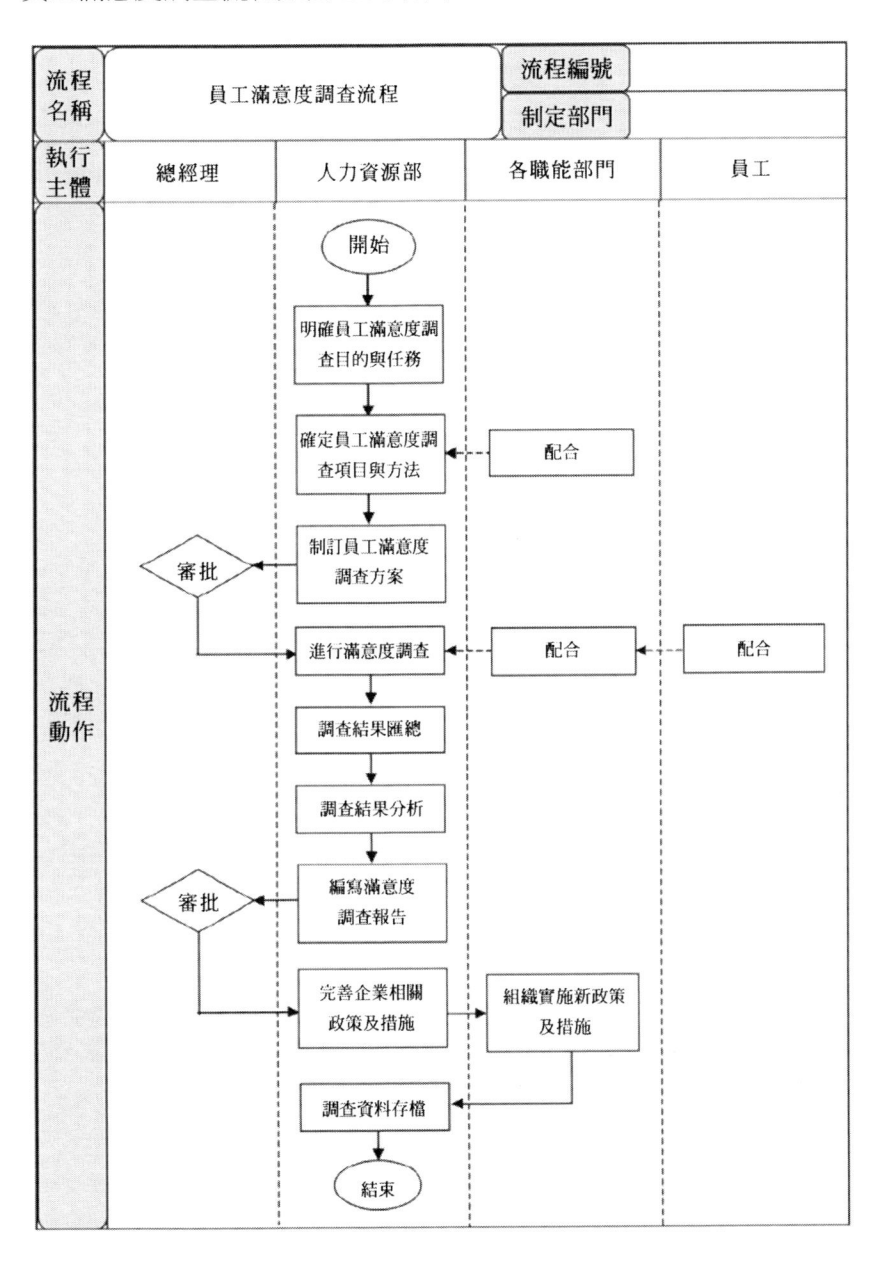

11.2.7 員工滿意度調查流程

員工滿意度調查流程如圖 11-8 所示：

流程名稱	員工滿意度調查流程		流程編號	
			制定部門	
執行主體	總經理	人力資源部	各職能部門	員工
流程動作	審批／審批	開始 → 明確員工滿意度調查目的與任務 → 確定員工滿意度調查項目與方法 → 制訂員工滿意度調查方案 → 進行滿意度調查 → 調查結果匯總 → 調查結果分析 → 編寫滿意度調查報告 → 完善企業相關政策及措施 → 調查資料存檔 → 結束	配合／配合／組織實施新政策及措施	配合

圖 11-8 員工滿意度調查流程

11.3 員工關係管理標準

11.3.1 員工關係管理業務工作標準

為了更好地協調員工與管理者、員工與員工之間的關係，建立積極向上的工作環境，人力資源部可建立員工關係管理業務工作標準，引導員工按標準要求開展員工關係管理工作。員工關係管理業務工作標準模板如11-2所示：

表11-2 員工關係管理業務工作標準

工作事項	工作依據與規範	工作成果或目標
勞動關係管理	• 人力資源管理制度、企業員工管理規範、國家勞動法及勞動合同法等	(1)勞動糾紛發生率少於__% (2)勞動爭議解決率達100% (3)勞動手續辦理及時率達__%
員工溝通管理	• 人力資源管理制度、員工溝通管理規範、企業溝通體系、員工抱怨管理制度、員工滿意度調查情況等	(1)員工定期溝通率達100% (2)員工抱怨處理率達100% (3)員工溝通體系合理
人際關係管理	• 員工衝突處理制度、員工衝突處理流程、員工關係現狀等	(1)員工衝突處理率達100% (2)員工衝突解決率達100%
企業文化管理	• 企業文化管理制度、企業經營需要、企業經營特點、員工對企業的認同度、員工需求、現有企業活動等	(1)組織大型活動次數在__次以上 (2)員工滿足度評分在__分以上 (3)企業文化體系完善
員工紀律管理	• 員工日常行為規範、勞動紀律管理規定、員工誤工管理制度、勞動準則與標準、員工手冊等	(1)勞動紀律違反率為0 (2)懲罰措施執行率達100%

表11-2(續)

員工檔案管理	• 員工檔案管理制度、員工檔案銷毀管理規定、員工檔案數量、員工檔案完整情況	(1)員工檔案歸檔率達100% (2)員工檔案完整率達100%
員工心理諮詢服務	• 員工心理諮詢管理制度、員工心理諮詢服務流程、員工數量、員工存在的問題等	(1)員工心理問題疏導及時率達100% (2)心理服務滿意度評分達__分

11.3.2 員工關係管理業務績效標準

為協調企業員工關係，提高員工滿意度，人力資源部可建立員工關係管理業務績效標準，使相關管理人員明確員工關係管理的目標及考核標準等。表11-3為員工關係管理業務績效標準模板，供讀者參考。

表11-3 員工關係管理業務績效標準

工作事項	評估指標	評估標準
規章制度建設	勞動關係管理規章制度合理性	1.起草的員工關係管理規章制度是否完善並合理 2.考核期內，勞動關係管理規章制度起草不合理處不得超過__處；每超過一處，扣__分，超過__處；本項不得分
勞動關係管理	勞動手續辦理及時率	1.勞動手續辦理及時率 = $\frac{\text{及時辦理勞動手續數}}{\text{需辦理勞動手續數}} \times 100\%$ 2.勞動手續辦理及時率應達到__%，每降低__個百分點，扣__分；低於__%，本項不得分
	勞動爭議處理及時率	1.勞動爭議處理及時率 = $\frac{\text{已解決的勞動爭議數}}{\text{發生勞動爭議總數}} \times 100\%$ 2.勞動爭議處理及時率應達到__%，每降低__個百分點，扣__分；低於__%，本項不得分
	員工投訴解決率	1.員工投訴解決率 = $\frac{\text{員工投訴解決的次數}}{\text{員工投訴的總次數}} \times 100\%$ 2.員工投訴解決率應達到__%，每降低__個百分點，扣__分；低於__%，本項不得分

表11－3（續）

員工衝突處理及時率	1.員工衝突處理及時率＝$\dfrac{\text{及時解決員工衝突的次數}}{\text{員工衝突總數}} \times 100\%$ 2.員工衝突處理及時率應達到＿％，每降低＿個百分點，扣＿分；低於＿％，本項不得分	
勞動糾紛損失金額	1.考核期內勞動糾紛損失金額應控制在＿元以內 2.損失金額每超出＿元，扣＿分；損失金額高於＿元，本項不得分	
企業文化建設	企業文化宣傳方案一次性通過率	1.企業文化宣傳方案一次性通過率＝$\dfrac{\text{宣傳方案通過的次數}}{\text{宣傳方案提交的次數}} \times 100\%$ 2.企業文化宣傳方案一次性通過率應達到＿％，每降低＿個百分點，扣＿分；低於＿％，本項不得分
	組織大型活動的次數	1.企業人力資源部組織開展的大型企業文化活動的次數 2.組織大型活動的次數應不少於＿次，每減少1次，扣＿分；少於＿次，本項不得分
員工紀律管理	違法違紀行為及時發現率	1.違法違紀行為及時發現率＝$\dfrac{\text{及時發現的違反勞動法的行為數}}{\text{發生的違反勞動法行為總數}} \times 100\%$ 2.違法違紀行為及時發現率應達到＿％，每降低＿個百分點，扣＿分；低於＿％，本項不得分
	違法違紀行為整改完成率	1.違法違紀行為整改完成率＝$\dfrac{\text{及時完成整改的違法違紀行為數}}{\text{提出整改的違法違紀行為數}} \times 100\%$ 2.違法違紀行為整改完成率應達到＿％，每降低＿個百分點，扣＿分；低於＿％，本項不得分
員工檔案管理	員工檔案歸檔及時率	1.員工檔案歸檔及時率＝$\dfrac{\text{員工檔案歸檔及時的次數}}{\text{員工檔案歸檔的總次數}} \times 100\%$ 2.員工檔案歸檔及時率應達到＿％，每降低＿個百分點，扣＿分；低於＿％，本項不得分

表11-3(續)

	員工檔案完整率	1.員工檔案完整率 = $1 - \dfrac{檔案缺失數}{檔案總數} \times 100\%$ 2.員工檔案完整率應達到__%,每降低__個百分點,扣__分;低於__%,本項不得分
滿意度管理	員工滿意度調查任務按時完成率	1.員工滿意度調查任務按時完成率 = $\dfrac{員工滿意度調查任務按時完成的次數}{滿意度調查次數} \times 100\%$ 2.員工滿意度調查任務按時完成率應達到__%,每降低__個百分點,扣__分;低於__%,本項不得分
	員工滿意度評分	1.員工對企業員工關係管理工作滿意度評分的算術平均分 2.員工滿意度評分應達到__分,每降低__分,該項扣__分;低於__分,本項不得分

11.4 員工關係管理制度

11.4.1 制度解決問題心智圖

員工關係管理制度主要能解決以下問題。具體說明如圖 11-9 所示：

問題類別	具體說明
勞動合同管理問題	♣ 勞動合同的編制、修訂、簽訂、續訂、執行、變更、終止等環節不科學、不規範，不符合勞動法的要求
員工溝通管理問題	♣ 員工溝通體系不完善，溝通方式不科學、溝通方法不當，致使溝通管理不順暢
員工紀律管理問題	♣ 缺乏員工紀律管理的具體工作標準、執行標準不統一、員工違紀違法行為處理不當等
勞動糾紛管理問題	♣ 勞動糾紛處理方式不當，處理方法不符合法律法規的規定
檔案管理問題	♣ 員工檔案內容不明確，檔案歸檔程序、外借程序不當，有檔案洩露、損壞情況

圖 11-9 員工關係管理制度解決問題心智圖

11.4.2 勞動契約管理制度

勞動契約管理制度如表 11-4 所示：

表 11-4 勞動契約管理制度

制度名稱	勞動合同管理制度	編　　號	
執行部門		監督部門	編修部門

第一章 總則

第1條 目的。

為了明確公司與員工的權利與義務，維護雙方的共同利益，根據《勞動基準法》及其他相關規定，並結合公司的實際情況，制定本制度。

第2條 適用範圍。

本制度適用於公司合同的編制、修訂、訂立、續訂、履行、變更、解除、終止。

第二章 勞動合同的編制與修訂

第3條 職責分工。

1.人力資源總監和總經理負責所有勞動合同文本的審核和審批工作。

2.人力資源部經理主要負責勞動合同文本的編制和修訂工作。

3.人力資源部主管和專員應積極收集相關資料，協助完成勞動合同的編制和修訂工作。

第4條 勞動合同的類型。

公司勞動合同除了包括勞動合同書外，還包括培訓協議、保密協議、敬業限制協議等專項協議書。

第5條 勞動合同的內容。

人力資源部經理應依據國家有關法律法規、公司實際情況和具體崗位特徵，合理編制和修訂各崗位勞動合同，勞動合同的主要條款如下表所示。

表11-4(續)

勞動合同主要條款

條款類別	條款說明
公司資訊	包括公司名稱、住所、法定代表人或主要負責人
員工資訊	包括員工名稱、住址、身份證或其他有效證件號碼
勞動合同期限	即公司與員工簽訂的合作期限，一般包括固定期限、無固定期限和任務期限
工作內容和地點	即在合同期限內，員工主要的工作內容、權責和工作地點
工作時間和休假安排	包括正常工作時間、加班規定和休假規定
勞動報酬	包括勞動報酬的形式、金額和發放辦法
勞動保護內容	包括員工的勞動條件、勞動保護措施和職業危害防護措施
其他內容	即國家法律法規規定的需要納入勞動合同中的其他相關內容

第6條　勞動合同的修訂。

當國家相關法律法規和公司實際情況發生變動時，人力資源部經理應在變動發生後__日內對公司勞動合同文本進行修訂，並報人力資源總監和總經理審批。

第三章　勞動合同的訂立與續訂

第7條　勞動合同的訂立。

1.建立勞動關係後，人力資源部經理應代表公司，及時與員工在公平自願、協商一致的基礎上簽訂書面勞動合同。勞動合同文本一式兩本，人力資源部和員工各執一份，分別保管。

2.在建立勞動關係後1個月內未簽訂勞動合同，並由此給公司造成經濟和名譽損失的，人力資源部經理應承擔主要責任，視情節嚴重情況扣罰__～__元。

第8條　勞動合同的續訂。

1.勞動合同到期前兩個月內，人力資源部主管應準確匯總即將到期的員工訊息，認真填寫「勞動合同續訂審批單」，並上報人力資源部經理、員

表11-4(續)

工所在部門經理和人力資源總監進行審核審批。

　　2.勞動合同到期前30天內，人力資源部與合同到期員工進行協商溝通，在自願平等的基礎上決定是否續訂勞動合同。對於需要續訂的勞動合同，人力資源部經理應在合同到期前20日內，組織辦理合同續訂手續；對於即將終止的勞動合同，人力資源部經理應提前做好工作交接和人員招聘準備。

第四章　勞動合同的履行和變更

第9條　勞動合同生效履行。

勞動合同自雙方簽訂之日起生效。

第10條　勞動合同的變更和調整。

　　1.公司和員工認為有必要對勞動合同進行調整或變更時，經協商一致可以以書面形式對原勞動合同的部分條款進行修改、補充或廢止。

　　2.勞動合同通常的變更或修改條款內容如下：

(1)合同中約定的員工基本工資及績效工資等。

(2)公司按國家和地方有關規定為員工提供的社會保險。

(3)原合同約定的勞動條件、勞動強度和勞動環境等。

(4)違反勞動合同的界定範圍及相關的懲罰措施等。

　　3.公司及員工在對勞動合同進行調整或變更時，應注意以下相關事項：

(1)勞動合同任何一方不得任意調整、變更合同內容。

(2)若公司予員工協商一致，可以變更勞動合同約定的內容。

(3)變更勞動合同，應當採用書面形式記錄變更內容。

(4)需續訂勞動合同的，公司應提前30日以書面形式通知該員工。

第五章　勞動合同的解除和終止

第11條　公司可以直接解除勞動合同的情形。

員工有下列情形的，公司可以解除並終止勞動合同：

1.在使用期間被證明不符合用人部門錄用條件的。

2.嚴重違反勞動紀律或者本公司規章制度的。

表11-4(續)

> 3.工作嚴重失職，營私舞弊，給本公司利益造成重大損失的。
>
> 4.被依法追究刑事責任的。
>
> 第12條　公司提前通知解除勞動合同的情形。
>
> 當出現下列情況時，公司可以解除並終止勞動合同，但須提前30日以書面形式通知員工：
>
> 1.員工患病或非因工負傷，醫療期滿後，不能從事原工作也不能從事由公司另行安排的工作的。
>
> 2.員工不能勝任本部門安排的工作，經過培訓或調整工作崗位後仍然不能勝任的。
>
> 第13條　員工可以直接解除勞動合同的情形。
>
> 1.員工解除勞動合同，應當提前30日以書面形式通知公司。經公司與員工協商一致，可以解除勞動合同。
>
> 2.當出現下列情形之一的，員工可以隨時通知公司解除勞動合同：
>
> (1)公司以暴力、威脅或者非法限制人身自由的手段強迫勞動的。
>
> (2)公司未按照勞動合同約定支付勞動報酬或者提供勞動條件的。
>
> 第14條　公司不得解除勞動合同的情形。
>
> 當出現下列情形時，公司不得與員工解除勞動合同：
>
> 1.患職業病或者因工負傷並被確認喪失或者部份喪失勞動能力的。
>
> 2.患病或者負傷，在規定的醫療期內的。
>
> 3.女職工在孕期、產期、哺乳期內的。
>
> 4.法律、行政法規規定的其他情形。
>
> 第15條　勞動合同解除或變更的其他規定。
>
> 1.員工在試用期內解除勞動合同時，應當提前三日通知公司。
>
> 2.當公司確有違規和未履行約定條件的行為時，可隨時解除勞動合同。
>
> 3.公司可以因員工過失(嚴重違規違紀、嚴重失職等情況)、員工非過失原因及國家相關法律規定的可以解除勞合同的情形，與員工解除勞動合同。
>
> 4.員工被提前解除勞動合同時，符合相關規定應支付經濟補償金的，公司應按國家及地方有關規定進行經濟補償。

表11-4(續)

  5.對於合同到期後公司不再聘任的員工,人力資源部應在合同到期日及時與其結清工資、辦理離職交接手續。

  6.在勞動合同期滿、勞動合同主體資格喪失或在客觀上已無法履行合同的情況下,勞動合同可以終止。

  第16條 勞動合同終止。

  1.當勞動合同期滿、勞動合同主體資格喪失、客觀上已無法履行合同或者有其他約定(公司和員工在一定時間內相互不承擔合同的權利和義務)時,公司和員工可終止勞動合同,具體情形如下:

  (1)勞動合同期滿,且未進行續訂的。

  (2)員工死亡,或者被法院宣布死亡或失蹤的。

  (3)公司被依法宣告破產,或被吊銷營業執照、責令關閉的。

  (4)國家法律法規規定的其他情形。

  2.公司、員工終止勞動合同的,應在勞動合同期滿前,在條件允許的情況下,將勞動合同終止協議書送達其本人,載明實施終止的時間等。

第六章 違約責任

  第17條 員工違約責任。

  1.違反責任說明。違反服務期約定和洩露商業秘密的員工,應當承擔違約責任。公司將以違約金的方式追究違約責任。

  2.違反服務期約定。違反服務期約定的,公司應根據所提供特殊待遇的價值確定具體的違約金,並按照已工作期限的比例進行遞減運算。

  3.違反保密約定。違反保密約定的,員工應按事先約定金額承擔違約金,但約定違約金低於實際損失的,按實際損失賠償。

  第18條 公司違約責任。

  公司未按照勞動合同約定為員工提供合同所規定的一切工資待遇、福利及勞動環境等,應按照合同約定對員工予以經濟補償,具體的補償資金數額根據勞動合同的違約情況進行確定。

表11-4(續)

第七章　附則				
第19條　勞動合同雙方發生勞動爭議時，當事人可以協商解決，也可以共同向直轄市或縣（市）主管機關申請交付仲裁，對仲裁不服的，可以到法院起訴。				
第20條　本制度如有未盡事宜，國家有明確規定的，按國家規定辦理。				
第21條　本制度自公司總經理審批通過後執行。				
編制日期		審核日期		批準日期	
修改標記		修改處數		修改日期	

11.4.3 員工檔案管理制度

員工檔案管理制度如表 11-5 所示：

表 11-5 員工檔案管理制度

制度名稱	員工檔案管理制度	編　　號	
執行部門		監督部門		編修部門	

第1條　目的。

為了規範公司員工的人事檔案管理，加強員工檔案管理的完整性、真實性、及時性和保密性，以便於高效、有序地利用員工檔案資料，特制定本管理制度。

第2條　適用範圍。

本制度適用於公司員工紙質檔案和電子檔案的管理工作。

第3條　管理職責。

公司人力資源為本公司員工人事檔案的歸口管理部門，公司其他部門均應配合人力資源定期更新員工檔案。

第4條　管理原則。

在對員工檔案進行管理時，人力資源部應遵循下列原則：分類標準統一原則、檔案歸檔及時原則、檔案排列有序清晰原則、檔案整理規範原則。

第5條　員工檔案內容。

員工檔案的主要內容主要包括員工入職檔案、培訓檔案、績效考核檔

11.4 員工關係管理制度

表11-5(續)

案、薪酬檔案、離職檔案等。具體說明如下表所示：

員工檔案包含內容說明表

檔案內容	內容說明
員工入職檔案	•包括員工個人簡歷、員工入職登記表、應聘人員登記表、面試面試及待遇核定事項審批、筆試試題、身分證複印件、學歷學位證複印件、轉正職晉級表、離職證明、各類合同及協議等文件
員工培訓檔案	•包括培訓通知、培訓總結報告或者考評結果、培訓審批表、員工外派培訓合同、外出培訓回饋表(證書原件)；員工培訓統計表等相關文件
員工薪酬檔案	•包括員工薪酬構成資料、薪酬水平資料、薪酬提/降說明文件、薪酬調整相關資料、薪酬滿意度水平調查表、薪酬發放紀錄等
績效管理檔案	•包括員工各個月度、季度及年度的考核登記表及相關的績效考核資料、員工績效考核評價資料等
員工離職檔案	•包括員工離職申請書、勞動合同解除協議等文件(也可能是員工在職期間出現的重大工作紕漏致使離職所形成的相關離職資料)

第6條 員工資料歸檔程序。

　　1.新員工接到錄用通知後，應在通知中規定的時間來我公司辦理報到事宜。

　　2.人力資源部收齊新入職員工的所有證件、資料後，統一裝入新建的檔案袋內，並在檔案袋封面左上方書寫上檔案袋編號、員工姓名、性別(員工檔案分紙本和電子兩種載體保存，紙本放於檔案袋中，電子版檔案應放於公司人力資源管理訊息系統中進行統一管理)。

　　3.新員工經試用期考核合格後，自正式入職之日起，人力資源部為其建立個人人事檔案。檔案資料包括：一/二吋近期免冠照片，身分證、學位證、畢業證及相關職稱證件的複印件，個人簡歷，應聘登記表，試用期考核說明表，錄用審批表，員工體檢報告，離職(失業)證明等。

　　4.員工檔案建立後，人力資源部應隨時收集員工在工作期間的相關檔案資料，並及時將檔案資料存於紙本檔案袋和人力資源資訊管理系統中。

　　5.為保證員工檔案訊息的準確性，以體現系統時效性強的優點，人力

表11-5(續)

資源部應及時將更新、變化的資料錄入系統。具體時限要求如下：

(1)新員工入職、員工調動、任命、借用、離職資料自生成之日起＿個工作日內錄入電子檔案，並進行紙本檔案歸檔。

(2)培訓管理、考核管理、薪酬管理、獎懲管理資料自資料生成之日起＿個工作日內錄入，並進行紙質檔案歸檔。

(3)社會保險、合同簽訂等資料自生成之日起＿個工作日錄入，並進行紙本檔案歸檔。

第7條 員工檔案保管與維護。

1.人力資源部應建立員工檔案登記和統計制度，建立各類檔案名冊。每年檢查核對一次檔案，做到檔案號與檔案名冊編號一致，發現問題應及時解決。

2.加強檔案的管理，提高檔案的保存價值，應做到每月歸檔資料一次，每年整理檔案及裝訂一次，不得存在有檔案未整理、未裝訂的現象。

3.人力資源部對員工職位變更和薪酬調整等所形成的材料，應及時收集並整理，保證檔案的準確。

4.檔案管理員每季度應查看檔案的保管情況，做好檔案的防潮、防霉、防蛀、防盜工作。

5.人力資源部應對離職員工的人事檔案進行每月清查，另外存檔。普通員工離職後，其檔案應在妥善保管一年以後銷毀；部門主管以上人員、關鍵崗位人員檔案應在其離職後妥善保管三年以後銷毀。

第8條 員工檔案保密要求。

1.人力資源部檔案管理員不得擅自提供檔案或向他人洩露檔案內容；整理檔案過程中不得丟失檔案材料，不隨便議論檔案內容；不得隨意洩露人事軟體密碼；不得將檔案材料帶至公關場所。

2.檔案管理員在保管檔案期間不得私自翻閱人事檔案。

3.個人不得擅自轉移、分散和銷毀檔案材料，需要銷毀的材料，必須進行登記，經領導批准後，按照銷毀規定銷毀。

第9條 員工檔案借閱調閱管理

1.公司其他部門調閱員工的人事檔案時，需填寫「員工檔案借/查閱申

表11-5(續)

請表」並經部門相關人員有效批准後借閱調閱員工檔案。「員工檔案借/查閱申請表」的具體樣式如下表所示：

員工檔案借/查閱申請表

借/查閱人		借/查閱部門	
借/查閱內容			
借/查閱時限	自__年__月__日時至__年__月__日__時		
借/查閱部門意見	審核人：	審核時間：__年__月__日	
人力資源部意見	審核人：	審核時間：__年__月__日	
備註			

2.本部門員工的人事檔案調閱需經部門主管批准。

3.部門主管有權調閱其他部門員工的人事檔案，但需人力資源部門主管審核，並報總經理批准。

4.部門主管級別的人事檔案，公司總經理有權調閱。

5.調閱檔案原則上在人力資源部門內部並在指定人員陪同下調閱。如需借出人力資源部門，需人力資源部門主管批准。借閱檔案的人員，對檔案應妥善保管，不得遺失、洩密和汙損，不准抽換、折卷和轉換，不得複印，借出的檔案必須在規定時間內歸還。

6.所有調閱檔案，均需登記備案。

第10條　本制度由人力資源部負責制定和修改。

第11條　本制度自公司總經理審批通過後執行。

編制日期		審核日期		批准日期	
修改標記		修改處數		修改日期	

11.4.4 勞動糾紛管理制度

勞動糾紛管理制度如表 11-6 所示：

表 11-6 勞動糾紛管理制度

制度名稱	勞動糾紛管理制度		編　號	
執行部門		監督部門	編修部門	

第1條　目的。

為妥善處理公司內部勞動糾紛爭議，保障公司員工雙方的合法權益，以維護公司正常的生產經營秩序，特制定本制度。

第2條　適用範圍。

本制度適用於公司與員工之間勞動糾紛的解決，主要包括以下內容：

1. 因公司除名、辭退員工和員工辭職、自動離職等發生的糾紛。
2. 因執行有關工資、保險、福利、培訓、勞動保護的規定發生的糾紛。
3. 因履行勞動合同發生的糾紛。
4. 法律、法規規定的應當受理的勞動糾紛。

第3條　管理職責。

1. 人力資源部為勞動糾紛處理的歸口管理部門，負責調解公司各類勞動管理矛盾和糾紛。
2. 勞動爭議調解委員會負責調解公司與員工之間的勞動糾紛，主要包括勞動糾紛的調查、取證、分析、調解等環節。
3. 公司其他部門應及時了解下屬員工的工作狀態、工作情緒等，並協助人力資源部採取有效措施處理員工糾紛。

第4條　糾紛處理原則。

公司人力資源部及勞動爭議所在部門應本著以下原則，妥善處理勞動糾紛：

1. 合法原則。勞動糾紛的處理不得違反國家的相關政策和法律規定。公司相關人員須按照法定程序和要求，依法處理各種勞動糾紛。
2. 客觀公正原則。勞動糾紛處理過程中，公司相關人員應客觀、公平地對待糾紛雙方，針對糾紛的類型、內容和原因，公正、合理地進行協調處理。

表11-6(續)

　　3.注重調解原則。發生勞動糾紛後，公司相關人員應優先選擇協商、調解方式進行處理，盡量避免和減少糾紛處理中產生的勞動關係惡化、內部損耗增加、員工積極性下降等不良現象。

　　4.及時處理原則。出現勞動糾紛後，公司相關人員應立即予以控制和處理，快速有效地解決糾紛。

第5條　勞動糾紛排查。

　　1.人力資源部應廣開言路，積極深入到公司各部門員工內部，詳細了解員工的整體思想動態等。

　　2.公司其他部門應對有勞動關係形式進行分析，預見可能發生的勞動糾紛問題，及時加以了解和解決。

第6條　勞動糾紛協商。

　　1.勞動糾紛發生後，人力資源部和爭議所在部門負責人應首先採用協商處理方式，即代表公司與員工在平等、合法、策顧雙方利益的基礎進行協商談判，在協商的基礎上自願達成協議、解決糾紛。

　　2.勞動爭議協商主要有三種形式，具體說明如下圖所示：

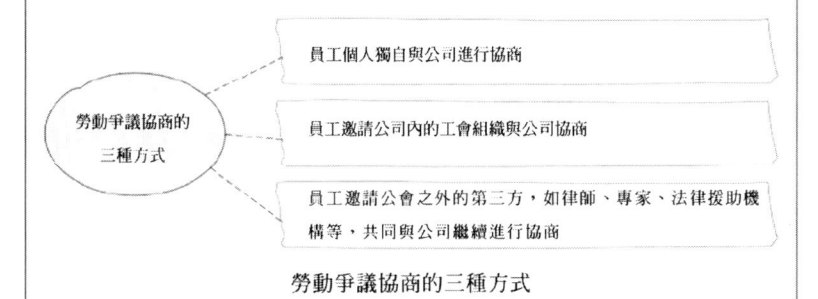

```
                    ┌─────────────────────────────────────┐
                    │ 員工個人獨自與公司進行協商           │
                    └─────────────────────────────────────┘
  ╭─────────╮       ┌─────────────────────────────────────┐
  │勞動爭議協商的│──│ 員工邀請公司內的工會組織與公司協商   │
  │  三種方式   │   └─────────────────────────────────────┘
  ╰─────────╯       ┌─────────────────────────────────────┐
                    │ 員工邀請公會之外的第三方，如律師、專家、法律援助機│
                    │ 構等，共同與公司繼續進行協商          │
                    └─────────────────────────────────────┘
```

勞動爭議協商的三種方式

　　3.勞動爭議協商不成的，人力資源部可根據勞動合同規定，申請進行調解處理。

第7條　勞動糾紛調解。

　　人力資源部組織成立勞動爭議調解委員會，接受調解申請，認真聽取爭議雙方意見和要求。

　　1.調解程序。

表11-6(續)

(1)勞動爭議調解委員會在進行調解前,深入開展調查、分析,收集相關證據。

(2)相關證據收集完畢後,勞動爭議調解委員會應召開調解委員會全體會議,對調查取證材料進行分析整理,討論確定調解方案。

(3)勞動爭議調解委員會依據調解方案對爭議雙方進行勸說、調解。

(4)勞動爭議調解委員會在調解爭議時,應遵循當事人雙方自願原則,經調解達成協議的,組織簽訂調解協議書;調解不成的,當事人在規定時間內可以向直轄市或縣(市)主管機關申請交付仲裁。

2.調解申請結束說明。

有下列情況之一者,勞動爭議調解委員會可視為勞動糾紛調解申請結束:

(1)申請調解的當事人撤回申請。

(2)經調解雙方當事人達成協議,並簽署調解協議書的。

(3)調解不成。

(4)自當事人申請調解之日起,30天內到期未結束的。

第8條 勞動糾紛仲裁。

對於協商、調解不成的勞動糾紛,員工、公司一方或雙方可依據勞動合同向直轄市或縣(市)主管機關申請交付仲裁。具體仲裁程序如下:

1. 員工、公司一方或雙方向直轄市或縣(市)主管機關提交請求仲裁的書面申請。

2. 員工或公司接收勞資爭議仲裁委員會的仲裁受理或不受理的決定。

3. 員工及公司各部門應配合勞資爭議仲裁委員會對勞動糾紛進行調查取證。

4. 調查取證工作結束後,員工及公司應提出合理仲裁訴求,努力達成協議,並在仲裁調解書上簽字確認。

5. 仲裁裁決出具後,員工或公司自覺執行仲裁決定。員工及公司一方或雙方都對仲裁決定不服的,可以向當地法院提起訴訟。

第9條 勞動糾紛訴訟。

爭議雙方對仲裁結果不服的,可在收到仲裁裁定書後向法院提起訴訟。人力資源部應認真收集、整理和提交相關資料,代表公司進行訴訟或應訴,有效維護公司的合法權益。

表11-6(續)

第10條 本制度由人力資源部制定並負責修訂、解釋。					
第11條 本制度自頒布之日起開始執行。					
編制日期		審核日期		批准日期	
修改標記		修改處數		修改日期	

國家圖書館出版品預行編目（CIP）資料

總經理人力資源規範化管理 / 馮利偉 著 . -- 第一版 .
-- 臺北市：崧燁文化，2019.07

　面；　公分

ISBN 978-957-681-748-9(平裝)

1. 人力資源管理

494.3　　　　　　　　　　　　　　107023263

書　　名：總經理人力資源規範化管理
作　　者：馮利偉 著
發 行 人：黃振庭
出 版 者：崧燁文化事業有限公司
發 行 者：崧燁文化事業有限公司
E - m a i l：sonbookservice@gmail.com
粉 絲 頁：　　　　網　址：
地　　址：台北市中正區重慶南路一段六十一號八樓 815 室
8F.-815, No.61, Sec. 1, Chongqing S. Rd., Zhongzheng
Dist., Taipei City 100, Taiwan (R.O.C.)
電　　話：(02)2370-3310　傳　真：(02) 2370-3210
總 經 銷：紅螞蟻圖書有限公司
地　　址：台北市內湖區舊宗路二段 121 巷 19 號
電　　話:02-2795-3656　傳真:02-2795-4100　網址：
印　　刷：京峯彩色印刷有限公司（京峰數位）

　　本書版權為西南財經大學出版社所有授權崧博出版事業股份有限公司獨家發行電子書及繁體書繁體字版。若有其他相關權利及授權需求請與本公司聯繫。

定　　價：420 元
發行日期：2019 年 07 月第一版
◎ 本書以 POD 印製發行